JEC - 2453 - 2008

電気学会　電気規格調査会標準規格

高電圧交流可変速駆動システム

緒　　言

1. 制定の経緯と要旨

この規格は，2002年9月に発行されたIEC 61800-4を参考として，交流可変速駆動システムの国内外の技術動向を取り入れて作成したものである。1 000 V以下の低電圧交流可変速駆動システムを適用対象とした既発行のJEC-2452を補完するものとして，この規格は，1 000 Vを超える高電圧交流可変速駆動システムを適用対象としている。この規格は，可変速駆動システム標準特別委員会において2002年6月に規格案作成に着手し，慎重な審議の結果，2007年9月に成案を完成し，2008年1月24日に電気規格調査会規格委員総会の承認を得て制定された。

この規格は，高電圧交流可変速駆動システムを構成する変換装置の特徴，回路構成およびシステム全体との関連を規定している。また，この規格は，定格，常規使用状態，過負荷条件，サージ耐量，安定性，保護，交流電源の接地，回路構成および試験にかかわる必要事項を規定している。さらに，制御方法，ねじり振動解析，推奨接地方式および駆動システムの構成機器の組合せに関する適用指針も含んでいる。高電圧のシステムにおいて特に重要な検討事項となる組合せ構成の多様性，変換装置と電動機との接続点における電位変動と電動機巻線絶縁との相関，電動機効率測定などの問題について詳しい記述を加えている。

2. 対応国際規格名

（1）IEC 61800-4：2002　　Adjustable speed electrical power drive systems - Part 4：General requirements - Rating specifications for a.c. power drive systems above 1 000 V a.c. and not exceeding 35 kV

3. 引用規格名

この規格制定に当たり，参考にした，または引用した規格は次のとおりである。

- （1）JEC-2130-2000　　　　　同期機
- （2）JEC-2137-2000　　　　　誘導機
- （3）JEC-2200-1995　　　　　変圧器
- （4）JEC-2410-1998　　　　　半導体電力変換装置
- （5）JEC-2440-2005　　　　　自励半導体電力変換装置
- （6）JEC-2452-2002　　　　　低圧交流可変速駆動システム
- （7）JIS B 3502：2004　　　　プログラマブルコントローラ装置への要求事項及び試験
- （8）JIS C 0920：2003　　　　電気機械器具の外郭による保護等級（IPコード）
- （9）JIS C 60050-161：1997　EMCに関するIEV用語

(10) **JIS C 60050-551**：2005　　電気技術用語 – 第551部：パワーエレクトロニクス

(11) **JIS C 4034-1**：1999　　回転電気機械 – 第1部：定格及び特性

(12) **JIS C 4034-5**：1999　　回転電気機械 – 第5部：外被構造による保護方式の分類

(13) **JIS C 4034-6**：1999　　回転電気機械 – 第6部：冷却方式による分類

(14) **JIS C 60721-3-1**：1997　　環境条件の分類　環境パラメータとその厳しさのグループ別分類　保管条件

(15) **JIS C 60721-3-2**：2001　　環境条件の分類　環境パラメータとその厳しさの分類　輸送条件

(16) **JIS C 60721-3-3**：1997　　環境条件の分類　環境パラメータとその厳しさのグループ別分類　屋内固定使用の条件

(17) **JIS C 61000-4-7**：2007　　電磁両立性第4部：試験及び測定技術　第7節：電力供給システム及びこれに接続する機器のための高調波及び次数間高調波測定方法及び計装に関する指針

(18) **IEC 60034-2A**：1974　　Rotating electrical machines - Part 2：Methods for determining losses and efficiency of rotating electrical machinery from tests（excluding machines for traction vehicles）

(19) **IEC 60034-9**：2007　　Rotating electrical machines - Part 9：Noise limits

(20) **IEC 60034-14**：2007　　Rotating electrical machines - Part 14：Mechanical vibration of certain machines with shaft heights 56 mm and higher - Measurement, evaluation and limits of vibration severity

(21) **IEC 60034-17**：2006　　Rotating electrical machines - Part 17：Cage induction motors when fed from converters - Application guide

(22) **IEC 60034-18-31**：1992　　Rotating electrical machines - Part 18：Functional evaluation of insulation systems - Section 31：Test procedures for form - wound windings - Thermal evaluation and classification of insulation systems used in machines up to and including 50 MVA and 15 kV

(23) **IEC 60050-151**：2001　　International Electrotechnical Vocabulary（IEV）chapter - Part 151：Electrical and magnetic devices

(24) **IEC 60417**：2002　　Graphical symbols for use on equipment - 12 - month subscription to online database comprising all graphical symbols

(25) **IEC 61000-2-2**：2002　　Electromagnetic compatibility（EMC）- Part 2-2：Environment - Compatibility levels for low - frequency conducted disturbances and signalling in public low - voltage power supply systems

(26) **IEC 61000-2-4**：2002　　Electromagnetic compatibility（EMC）- Part 2-4：Environment - Compatibility levels in industrial plants for low - frequency conducted disturbances

(27) **IEC 61378-1**：1997　　Convertor transformers - Part 1：Transformers for industrial applications

(28) **IEC 61800-3**：2004　　Adjustable speed electrical power drive systems - Part 3：EMC requirements and specific test methods Adjustable speed electrical power drive systems

(29) **IEC 61800-6**：2003　　Adjustable speed electrical power drive systems - Part 6：Guide for determination of types of load duty and corresponding current ratings

(30) **ISO 1680**：1999　　Test code for the measurement of airborne noise emitted by rotating electrical machines

4. 標準化委員会および標準特別委員会

標準化委員会名：パワーエレクトロニクス標準化委員会

委 員 長	林 洋一	（青山学院大学）	委 員	守随 治道	（京三製作所）
幹 事	鎌仲 吉秀	（明電舎）	同	竹内 南	（SC47E/WG3国内小委員会）
同	古関 庄一郎	（日立製作所）	同	田辺 茂	（津山工業高等専門学校）
同	谷津 誠	（富士電機アドバンストテクノロジー）	同	地福 順人	（崇城大学）
委 員	青木 忠一	（NTT環境エネルギー研究所）	同	鳥塚 正行	（東京急行電鉄）
同	浅野 勝則	（関西電力）	同	二宮 保	（九州大学）
同	石本 孔律	（ジーエス・ユアサパワーサプライ）	同	野極 日出男	（東京電力）
同	一條 正美	（富士電機デバイステクノロジー）	同	芳賀 浩之	（新電元工業）
同	井上 博史	（日本電機工業会）	同	平尾 敬幸	（デンセイ・ラムダ）
同	今井 孝二	（豊田工業大学）	同	深尾 正	（東京工業大学）
同	奥井 明伸	（鉄道総合技術研究所）	同	藤本 久	（富士電機アドバンストテクノロジー）
同	金子 力	（東日本旅客鉄道）	同	松岡 孝一	（東 芝）
同	河内 祥一	（サンケン電気）	同	松崎 薫	（東芝三菱電機産業システム）
同	河村 篤男	（横浜国立大学）	同	松瀬 貢規	（明治大学）
同	金 東海	（工学教育研究所）	同	三野 正人	（NTT環境エネルギー研究所）
同	小松 清	（オリジン電気）	同	森 治義	（三菱電機）
同	小山 正人	（三菱電機）	同	四元 勝一	（NTTファシリティーズ総合研究所）
同	境 武久	（電源開発）	途中退任委員	金澤 克美	（東京急行電鉄）

標準特別委員会名：可変速駆動システム標準特別委員会

委 員 長	金 東海	（工学教育研究所）	委 員	野村 昌克	（明電舎）
幹 事	秋田 佳稔	（日立製作所）	途中退任幹事	鹿山 昌宏	（日立製作所）
同	大澤 千春	（富士電機システムズ）	同	宮崎 雅徳	（東 芝）
同	川上 和人	（東芝三菱電機産業システム）	途中退任委員	角 信賢	（東 レ）
同	増田 博之	（東芝三菱電機産業システム）	同	北脇 康夫	（新日本製鐵）
委 員	井上 博史	（日本電機工業会）	同	富田 誠悦	（電力中央研究所）
同	今柳田 明夫	（東洋電機製造）	同	中野 孝良	（芝浦工業大学）
同	上田 彰司	（日本製紙）	同	西方 正司	（東京電機大学）
同	片田 浩一郎	（東 レ）	同	三木 一郎	（明治大学）
同	河村 博年	（神鋼電機）	同	三橋 剛	（東洋電機製造）
同	古賀 宣考	（安川電機）	同	山本 昌宏	（安川電機）
同	高橋 弘	（富士電機アドバンストテクノロジー）			

5. 部　会

部会名：電気機器部会

部 会 長	八坂 保弘	（日立製作所）	幹事補佐	江間 芳行	（明電舎）
幹 事	佐藤 信利	（明電舎）	同	小林 昌三	（日立製作所）

委　　員	青山　高庸	（日本AEパワーシステムズ）	委　　員	佐坂　秀俊	（東日本旅客鉄道）
同	泉　　邦和	（電力中央研究所）	同	澤　孝一郎	（慶應義塾大学）
同	稲葉　次紀	（中央大学）	同	白坂　行康	（日本AEパワーシステムズ）
同	大澤　藤夫	（電源開発）	同	林　　洋一	（青山学院大学）
同	上之薗　博	（電力中央研究所）	同	星野　　悟	（日本電機工業会）
同	河村　達雄	（東京大学）	同	松村　年郎	（名古屋大学）
同	北見　康二	（明電舎）	同	松本　　康	（富士電機アドバンストテクノロジー）
同	河本康太郎	（千代田工販）	同	村岡　　隆	（日新電機）
同	小林　隆幸	（東京電力）	同	渡邉　政美	（三菱電機）

6. 電気規格調査会

会　　長	鈴木　俊男	（電力中央研究所）	2号委員	鎌田　秀一	（国土交通省）
副 会 長	松瀨　貢規	（明治大学）	同	大房　孝宏	（北海道電力）
同	松村　基史	（富士電機システムズ）	同	森下　和夫	（東北電力）
理　　事	米沢比呂志	（関西電力）	同	森　　榮一	（北陸電力）
同	大木　義路	（早稲田大学）	同	髙木　洋隆	（中部電力）
同	片瓜　伴夫	（東芝）	同	岩室　　良	（中国電力）
同	近藤良太郎	（日本電機工業会）	同	山地　幸司	（四国電力）
同	小須田徹夫	（明電舎）	同	吉迫　　徹	（九州電力）
同	神野　厚英	（ジェイ・パワーシステムズ）	同	鈴木　英昭	（日本原子力発電）
同	鈴木　良博	（日本ガイシ）	同	谷口　弘志	（新日本製鐵）
同	相澤　幸一	（経済産業省）	同	澤本　尚志	（東日本旅客鉄道）
同	高橋　治男	（東芝）	同	東濱　忠良	（東京地下鉄）
同	八坂　保弘	（日立製作所）	同	小山　　茂	（松下電器産業）
同	古谷　　聡	（東京電力）	同	青木　　務	（日新電機）
同	田生　宏禎	（電源開発）	同	筒井　幸雄	（安川電機）
同	海老塚　清	（三菱電機）	同	赤井　　達	（横河電機）
同	萩森　英一	（中央大学）	同	福永　定夫	（ジェイ・パワーシステムズ）
同	渡邉　朝紀	（鉄道総合技術研究所）	同	三浦　　功	（フジクラ）
同	石井　　勝	（学会研究経営担当副会長）	同	浅井　　功	（日本電気協会）
同	山極　時生	（学会研究経営理事）	同	井上　　健	（日本電設工業）
同	島田　敏男	（学会専務理事）	同	新畑　隆司	（日本電気計測器工業会）
2号委員	奥村　浩士	（広島工業大学）	同	亀田　　実	（日本電線工業会）
同	小黒　龍一	（九州工業大学）	同	武内　徹二	（日本電球工業会）
同	斎藤　浩海	（東北大学）	3号委員	小田　哲治	（電気専門用語）
同	鈴木　勝行	（日本大学）	同	大崎　博之	（電磁両立性）
同	湯本　雅恵	（武蔵工業大学）	同	多氣　昌生	（人体ばく露に関する電磁界の評価方法）
同	大和田野芳郎	（産業技術総合研究所）	同	加曽利久夫	（電力量計）

3号委員	中邑　達明	（計器用変成器）		3号委員	田生　宏禎	（水　車）
同	小屋敷辰次	（電力用通信）		同	和田　俊朗	（海洋エネルギー変換器）
同	小山　博史	（計測安全）		同	日髙　邦彦	（UHV国際）
同	小見山耕司	（電磁計測）		同	横山　明彦	（標準電圧）
同	黒沢　保広	（保護リレー装置）		同	坂本　雄吉	（架空送電線路）
同	澤　孝一郎	（回転機）		同	尾崎　勇造	（絶縁協調）
同	白坂　行康	（電力用変圧器）		同	高須　和彦	（がいし）
同	松村　年郎	（開閉装置）		同	河村　達雄	（高電圧試験方法）
同	林　洋一	（パワーエレクトロニクス）		同	小林　昭夫	（短絡電流）
同	河本康太郎	（工業用電気加熱装置）		同	岡　圭介	（活線作業用工具・設備）
同	稲葉　次紀	（ヒューズ）		同	大木　義路	（電気材料）
同	村岡　隆	（電力用コンデンサ）		同	神野　厚英	（電線・ケーブル）
同	泉　邦和	（避雷器）		同	久保　敏	（鉄道電気設備）

JEC-2453-2008

電気学会　電気規格調査会標準規格

高電圧交流可変速駆動システム

目　次

1. 適 用 範 囲 ……………………………………………………………………………… 9
2. 用 語 の 意 味 ……………………………………………………………………………… 9
   2.1 システム ……………………………………………………………………………… 9
   2.2 交流駆動システム（PDS）の入力パラメータ ……………………………………… 13
   2.3 変換装置 ……………………………………………………………………………… 14
   2.4 交流駆動システム（PDS）の出力パラメータ ……………………………………… 15
   2.5 制　御 ………………………………………………………………………………… 15
   2.6 試　験 ………………………………………………………………………………… 16
   2.7 記　号 ………………………………………………………………………………… 16
3. 駆動システム構成の概要 ………………………………………………………………… 18
   3.1 構成の分類 …………………………………………………………………………… 18
   3.2 変換装置の形態 ……………………………………………………………………… 18
   3.3 電動機の種類 ………………………………………………………………………… 19
   3.4 バイパスおよび冗長構成 …………………………………………………………… 19
   3.5 回生制動および発電制動 …………………………………………………………… 20
4. 使 用 状 態 ……………………………………………………………………………… 20
   4.1 据付および運転 ……………………………………………………………………… 20
   4.2 輸　送 ………………………………………………………………………………… 23
   4.3 機器の保管 …………………………………………………………………………… 24
5. 定　格 …………………………………………………………………………………… 25
   5.1 交流駆動システム（PDS） ………………………………………………………… 25
   5.2 変 換 器 ……………………………………………………………………………… 27
   5.3 変 圧 器 ……………………………………………………………………………… 28
   5.4 電 動 機 ……………………………………………………………………………… 28
6. 性　能 …………………………………………………………………………………… 29
   6.1 定常状態性能 ………………………………………………………………………… 29
   6.2 動的性能 ……………………………………………………………………………… 30

6.3 プロセス制御のインタフェース	34
7. PDS主要機器	**36**
7.1 システム供給者の位置づけ	36
7.2 変圧器（変換装置用）	37
7.3 変換器およびその制御	39
7.4 電動機	40
8. PDS構成上の要求事項	**44**
8.1 一般条件	44
8.2 電圧1 000 Vを超える機器を組み合わせる場合の注意事項	46
8.3 保護インタフェース	49
8.4 被駆動装置とのインタフェース	50
9. 試　　　験	**51**
9.1 試験要領	51
9.2 PDS構成機器の個別試験項目	52
9.3 PDSのシステム試験	55
10. 効　率　決　定	**59**
10.1 一　般	59
10.2 損失分離法	61
10.3 全負荷システム試験	64
解　　　説	**67**
解説1. 広く用いられる駆動システムの構成	67
解説2. 速度制御性能および機械システム	75
解説3. バルブデバイスの損失	80
解説4. この規格とIEC規格との相違点	85

JEC-2453-2008

電気学会　電気規格調査会標準規格

高電圧交流可変速駆動システム

1. 適 用 範 囲

　この規格は，変換装置，制御装置および電動機からなる交流可変速駆動システムを対象とする。電気鉄道および電気自動車用駆動システムは，除外する。

　この規格は，変換器電圧（線間電圧）が1 000 V[(1)]を超えて35 kV以下の間で，入力側周波数が50 Hzまたは60 Hz，負荷側周波数が600 Hz以下の駆動システム（図1参照）を対象とする。ただし，15 kVを超える電圧に対する要求仕様は含まれておらず，供給者または製造者（以下，供給者という。）と購入者または使用者（以下，購入者という。）との間の合意による。

　変換器の入力および出力がともに1 000 V以下[(1)]の交流電圧であって，昇圧変圧器を使用して高電圧電動機を可変速駆動するシステムは，JEC-2452を適用する。

　注(1)　低電圧と高電圧とは，国内では電気設備技術基準によって600 Vで区分されているが，この規格では，IEC規格に合わせて1 000 Vで区分している。

　備考1．　この規格は，変換装置の特徴，回路構成および交流駆動システム全体との関連を規定している。また，この規格は，定格，常規使用状態，過負荷条件，サージ耐量，安定性，保護，交流電源の接地，回路構成および試験にかかわる必要事項を規定する。さらに，制御方法，ねじり振動解析，推奨接地方式および駆動システムの構成機器の組合せに関する適用指針も含んでいる。

　　　　2．　この規格は，電動機を用いて被駆動装置を駆動するシステムを対象としている。したがって，発電機（発電電動機）の始動装置，可変速励磁装置などは，この規格の対象外である。

2. 用 語 の 意 味

　この規格では，ここで定義する用語[(2)]，ならびにJEC-2452，JEC-2410，JEC-2440，およびJIS C 60050-551で定義されている用語を適用する。

　注(2)　用語の［　］内は，使用上誤解を生じない限り省略してもよい。

2.1　システム

　2.1.1　交流駆動システム（a.c. power drive system, PDS）　　交流駆動システム（PDS）は，主回路機器［高調波フィルタ（オプション），入力変圧器（変換装置用変圧器，オプション），変換部，出力変圧器（オプション），交流電動機など］および制御機器（制御装置，保護装置，補助装置など）から構成される（図1参照）。

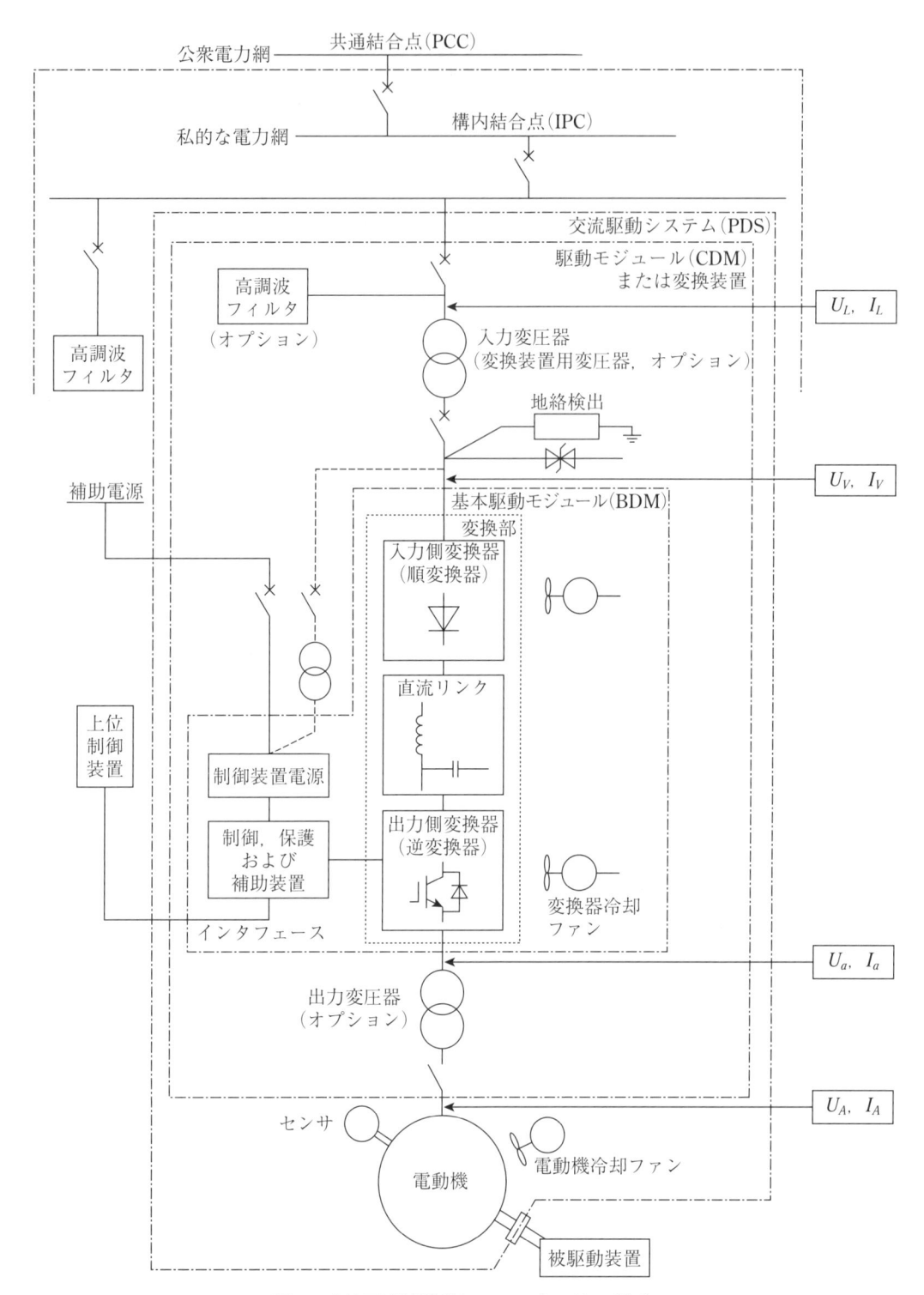

図1 交流可変速駆動システム（PDS）の構成

備考1. 図1は，交流駆動システムの主な構成要素を図示したものである。図1には，交流駆動システムとして実現可能な構成をできるだけ多様に含むように，多くの駆動システムではオプションとなる機器も記載している。変換器は，多くの回路構成が用いられており，特定の回路構成またはバルブデバイスを示したものではない。入出力フィルタは，変換器に含めてもよい（高調波フィルタは変換器に含めず，必要な場合，別に記載する）。（**3.** および**解説1** 参照）

2. U_a は変換部の出力電圧を表し，U_A は電動機の端子電圧を表す。出力変圧器がなく，変換部から電動機までのケーブル長があまり長くない場合には，$U_a = U_A$ である。

3. 補助電源は，十分に信頼できるならば，PDSの内部からとってもよい。

4. **基本駆動モジュール（basic drive module, BDM）** 変換器，直流リンク，制御装置，保護装置，制御装置の電源，変換器の冷却ファンなどから構成される。
5. **駆動モジュール（complete drive module, CDM）** BDM，および入力変圧器，遮断器，サージ電圧保護機器，BDM の入力側または出力側に接続された開閉器などの周辺機器が含まれる。電動機および電動機の軸に機械的に取り付けられたセンサは含まれない。

2.1.2 結合点

(1) **共通結合点（point of common coupling, PCC）** 公衆電力網への結合点。

(2) **構内結合点（in-plant point of coupling, IPC）** 私的な電力網でのプラント内結合点。

(3) **結合点（point of coupling, PC）** PCC または IPC のいずれか。

2.1.3 高調波フィルタ
接続される電源系統へ流出する高調波を減らすための装置または機器。

2.1.4 回生
システムの機械エネルギーを電気エネルギーに変換し，入力電源側に送り返す動作。

備考 電動機は発電機として動作し，このときの定格は電動機動作時とは異なる。

2.1.5 PDS 効率（η_{PDS}）
交流電源から入力する全電力に対する電動機の軸出力の比。通常，百分率で表す（**10.** 参照）。

備考 交流電源から入力する電力には，制動機器および励磁に必要な電力も含む。

2.1.6 BDM 効率（η_{BDM}）
BDM の変換部入力電力と制動機器用電力との和に対する変換部出力電力の比。通常，百分率で表す（**10.** 参照）。

2.1.7 基本波周波数
電圧・電流などの時間関数をフーリエ変換して得られる周波数スペクトルのうち，すべての周波数スペクトルの基準として用いる周波数。この規格では，CDM の入力電源周波数，または CDM の出力周波数とする。

備考 1. 周期関数の場合，基本波周波数は，通常周期関数の周期の逆数に等しい（**JIS C 60050-551** の 551-20-03 および 20-01 参照）。この定義は，**JIS C 60050-551** の 551-20-04 および 551-20-02 による"基準基本波周波数"を意味する本来の定義に相当する。あいまいさの危険がない場合には，"基準"は省略してもよい。この定義は，**IEC 61000-2-2** および **IEC 61000-2-4** の改正版でも採用されている。
 2. この定義は，単独負荷または複数負荷の組合せ，回転機負荷，その他負荷などに電力を供給している産業用配電網にも適用できる。変換装置から配電網に電力供給している場合でも，適用できる。

2.1.8 基本波［成分］
基本波周波数成分。通常は，実効値で表す。

2.1.9 高調波周波数
基本波周波数の整数倍の周波数。高調波周波数の基本波周波数に対する倍数比を高調波次数という（記号"h"で表す）。［**JIS C 60050-551** 20-05，20-07 および 20-09 参照］

2.1.10 高調波［成分］
各高調波周波数の成分。通常は実効値で表す。

2.1.11 次数間高調波周波数
基本波周波数の非整数倍の周波数。

備考 1. 高調波次数の定義を拡張して，次数間高調波次数は，次数間高調波周波数に対する基本波周波数の比とする。この比は整数ではない（記号"m"で表す）。
 2. m が 1 未満の場合には，分数調波周波数という用語を用いてもよい。

2.1.12 次数間高調波［成分］
次数間高調波周波数の成分。通常，実効値で表す。

備考 1. 簡単に，これらの次数間高調波成分を次数間高調波と表してもよい。
 2. この規格においては，**JIS C 61000-4-7** に規定されているとおり，時間ウィンドウとしては 50 Hz 系統では基本波周期の 10 倍，60 Hz 系統では基本波周期の 12 倍，すなわち約 200 ms を選べばよい。その場合，前後する二つの次数間高調波の周波数差は約 5 Hz である。その他の基本波周波数の場合は，時間ウィンドウとして基本波周期の 6 倍（6 Hz では約 1 000 ms）から，18 倍（180 Hz では約 100 ms）の間で選べばよい。

2.1.13 高調波［含有量］（HC）
周期的に変化する量の高調波成分の和。［**JIS C 60050-551** の 551-20-10

参照]

備考 1. 次数間高調波がある場合，波形は周期性をもたなくなり，高調波含有量は，時間の関数となる。
2. 実務的解析では，周期関数近似すればよい。
3. 高調波含有量は，基本波周波数の選定次第で変わる。基本波周波数を明確に指示することが望ましい。
4. 実際には高調波の合計は H 次までに制限される。この規格では，40 次までを標準とする（$H = 40$）。
5. 高調波含有量の実効値は，次の式で表す。

$$HC = \sqrt{\sum_{h=2}^{H} Q_h^2}$$

ここに，h：高調波次数
Q_h：電流または電圧の h 次高調波成分の実効値

2.1.14 総合高調波ひずみ率（THD） 交流量の基本波成分の実効値に対する，高調波含有量の実効値の比。[JIS C 60050-551 の 551-20-13 参照]

$$THD = \frac{HC}{Q_1} = \sqrt{\sum_{h=2}^{H} \left(\frac{Q_h}{Q_1}\right)^2}$$

ここに，Q_1：電流または電圧の基本波成分の実効値

備考 交流量とは，直流量を含まない周期量をいう。

2.1.15 総合ひずみ含有量（DC） 交流量から基本波成分を差し引いた量。[JIS C 60050-551 の 551-20-11 参照]

備考 1. 総合ひずみ含有量には，高調波成分，および存在する場合，次数間高調波成分を含む。
2. 総合ひずみ含有量は，基本波周波数の選定次第で変わる。基本波周波数を明確に指示することが望ましい。
3. 総合ひずみ含有量は，時間関数となることがある。
4. 総合ひずみ含有量の実効値は，次の式で表す。

$$DC = \sqrt{Q^2 - Q_1^2}$$

ここに，Q：電流または電圧の全実効値を示す。

2.1.16 総合ひずみ率（TDR） 交流量の基本波実効値に対する，総合ひずみ含有量の実効値の比。[JIS C 60050-551 の 551-20-14 参照]

$$TDR = \frac{DC}{Q_1} = \frac{\sqrt{Q^2 - Q_1^2}}{Q_1}$$

備考 1. 総合ひずみ率は，基本波周波数の選定次第で変わる。基本波周波数を明確に指示することが望ましい。
2. 総合ひずみ率は，ある高調波次数までの近似でよい。近似については，明記しなければならない。
3. 次数間高調波の振幅が小さく，無視できる場合には，THD で近似してもよい。
4. 配電網の交流電圧波形は，電流波形よりも一般にはひずみが小さい。したがって，電圧に関する THD および TDR は，ほぼ同じ値になる。電流に関して THD と TDR との差に意味がある場合がある。

2.1.17 総合ひずみ含有率（TDF） 交流量の全実効値に対する，総合ひずみ含有量の実効値の比。

$$TDF = \frac{DC}{Q} = \frac{\sqrt{Q^2 - Q_1^2}}{Q}$$

備考 1. 総合ひずみ含有率は，基本波周波数分の選定次第で変わる。基本波周波数を明確に指示することが望ましい。
2. TDF と TDR との比は，基本波周波数実効値と全実効値との比，すなわち基本波率（FF）に等しい。[JIS C 60050-551 の 551-20-17，JIS C 60050-161 の 551-02-22 参照]

$$FF = \frac{Q_1}{Q} = \frac{TDF}{TDR} \leq 1$$

2.1.18 各次ひずみ率（*IDR*）　基本波周波数成分に対する任意の次数の周波数成分の比。

備考 1.　各次ひずみ率は，整数および非整数の次数に対して適用する。
　　 2.　**JIS C 60050-551** では，551-20-13A n 次高調波比としている。

2.1.19 特性高調波電流　定常運転中に変換装置から発生する高調波電流。

備考 1.　例えば，6 パルス変換装置の特性高調波電流は，3 の整数倍を除く奇数次高調波：$h = 6k \pm 1$（k は任意の整数）である。
　　 2.　電源周波数の整数倍の次数の高調波に加えて，変換装置の負荷との相互作用などによって発生する，電源周波数の非整数倍の次数の高調波がありうる。これは，次数間高調波とよばれる。

2.1.20 定格電圧　定格状態での線間電圧実効値。

　　入力変圧器の一次電圧（交流側電圧）　：　U_{LN}
　　変換器入力電圧　　　　　　　　　　　：　U_{VN}
　　変換器出力電圧　　　　　　　　　　　：　U_{aN}
　　電動機電圧　　　　　　　　　　　　　：　U_{AN}

2.1.21 定格基本波電圧　定格状態での基本波線間電圧実効値。

　　入力変圧器の一次［基本波］電圧（交流側［基本波］電圧）：　U_{LN1}
　　変換器入力［基本波］電圧　　　　　　　　　　　　　　　：　U_{VN1}
　　変換器出力［基本波］電圧　　　　　　　　　　　　　　　：　U_{aN1}
　　電動機［基本波］電圧　　　　　　　　　　　　　　　　　：　U_{AN1}

2.1.22 定格交流電流　定格状態での交流電流実効値。

　　入力変圧器の一次電流（交流側電流）　：　I_{LN}
　　変換器入力電流　　　　　　　　　　　：　I_{VN}
　　変換器出力電流　　　　　　　　　　　：　I_{aN}
　　電動機電流　　　　　　　　　　　　　：　I_{AN}

2.1.23 定格基本波電流　定格状態での基本波電流実効値。

　　入力変圧器の一次［基本波］電流（交流側［基本波］電流）：　I_{LN1}
　　変換器入力［基本波］電流　　　　　　　　　　　　　　　：　I_{VN1}
　　変換器出力［基本波］電流　　　　　　　　　　　　　　　：　I_{aN1}
　　電動機［基本波］電流　　　　　　　　　　　　　　　　　：　I_{AN1}

2.1.24 過負荷電流　あらかじめ決められた運転条件で，指定の限界値（例えば，過電流保護レベル）を超えることなく，指定の期間通電できる電流の最大値。

　　入力変圧器の一次過負荷電流（交流側過負荷電流）：　I_{LM}
　　変換器入力過負荷電流　　　　　　　　　　　　　：　I_{VM}
　　変換器出力過負荷電流　　　　　　　　　　　　　：　I_{aM}
　　電動機過負荷電流　　　　　　　　　　　　　　　：　I_{AM}

2.2 交流駆動システム（PDS）の入力パラメータ

2.2.1 電源側入力電力（P_{LN}）　定格状態における電源入力での有効電力。

2.2.2 電源側入力皮相電力（S_{LN}）　定格状態における電源入力での皮相電力。

2.2.3 入力総合力率（λ_{LN}）　PDS を電源に接続した点における，定格状態での入力皮相電力に対する入力

有効電力の比。

　例　電源電圧が正弦波とみなせる三相電源系統においては，次式となる。

$$\lambda_{\mathrm{LN}} = \frac{U_{\mathrm{LN}} \times I_{\mathrm{LN1}} \times \sqrt{3} \cos\varphi_{\mathrm{LN1}}}{U_{\mathrm{LN}} \times I_{\mathrm{LN}} \times \sqrt{3}} = \frac{I_{\mathrm{LN1}}}{I_{\mathrm{LN}}} \times \cos\varphi_{\mathrm{LN1}}$$

　備考　この定義は，PDS入力（添字L）および変換器入力（添字V）に適用する。

2.2.4 電圧不平衡　　多相システムにおいて，各線間電圧の基本波実効値または位相差が等しくない状態。

備考1．不平衡の程度は，通常では，正相分に対する逆相分の比，および正相分に対する零相分の比で表すことができる。〔JIS C 60050-161 の 551-08-09 修正〕

　U_{12}，U_{23} および U_{31} を三相線間電圧とすると，各線間電圧に対する平均値からのずれ（不平衡比）は

$$\delta_{ij} = \frac{U_{ij} - U_{\mathrm{average}}}{3 \times U_{\mathrm{average}}}$$

となり，正相分電圧振幅に対する逆相分電圧振幅の比（不平衡率）τ は，次式で近似計算できる。

$$\tau = \sqrt{6 \times (\delta_{12}{}^2 + \delta_{23}{}^2 + \delta_{31}{}^2)}$$

　　2．備考1．の式は，優れた近似式である。すなわち，中性点に対する相電圧で考えると，理想的な平衡状態からの振幅のずれが±20%以内，かつ，位相誤差が±15°以内の場合，電圧不平衡は5%以下の誤差で求まる。

　　さらに，簡単な近似式は，

$$\tau = \frac{2}{3} \times \frac{U_{\max} - U_{\min}}{U_{\mathrm{average}}}$$

であり，τ が7%以下なら1%以内の絶対誤差で求まる。別の近似式として次式があり，同程度の誤差を含む。

$$\tau = \mathrm{MAX}\left[\frac{U_{ij} - U_{\mathrm{average}}}{U_{\mathrm{average}}}\right]$$

2.2.5 電源線間過渡電圧　　PDSを電源入力から切り離した状態で，PDSとの結合点に現れる電源入力の線間瞬時ピーク電圧。

2.2.6 電源過渡エネルギー　　電源系統からPDSの入力端子に過渡的に加えられるエネルギー。

2.3 変換装置

2.3.1 変換部　　1 kV を超え 35 kV 以下の電圧で運転される電力変換ユニット。図1参照。

2.3.2 変換装置入力フィルタ　　変換器の入力側に接続し，入力変圧器の絶縁にストレスを与える dv/dt または高周波成分を減らすための回路。

2.3.3 変換装置直流リンク電圧（U_{d}）　　（入力側変換器での）直流リンク電圧の平均値。

2.3.4 変換装置直流リンク電流（I_{d}）　　（入力側変換器での）直流リンク電流の平均値。

2.3.5 スナバ〔回路〕　　一つまたは複数のバルブデバイスに接続し，電流または電圧の高い変化率，過渡過電圧，スイッチング損失などによるストレスを軽減するための補助回路。

2.3.6 直流リンク〔回路〕　　間接交流変換装置において入力側変換器と出力側変換器とを結ぶ直流主回路部。直流電圧または直流電流のリプルを減らすための平滑コンデンサ，直流リアクトルなどから構成される。

2.3.7 変換装置出力フィルタ　　変換器の出力側に接続し，高い dv/dt による電動機への電圧ストレス，軸電流，または高周波成分を減らすための回路。

2.3.8 変換装置交流出力電力（P_{aN1}）　　変換装置の出力側端子における基本波電力。

2.3.9 変換装置交流出力皮相電力（S_{aN}）　　変換装置の出力側端子における全皮相電力。

2.3.10 出力側過渡短絡電流　　変換装置から出力側端子を通過して短絡回路に流れる過渡電流。

2.3.11 運転周波数範囲　　変換装置が指定された負荷条件において，制御される基本波周波数の範囲（$f_{\min}$, $f_{\max}$）。

2.4 交流駆動システム (PDS) の出力パラメータ

2.4.1 負荷の範囲 PDSが連続負荷状態で運転する必要があるトルク速度範囲（図2参照）。

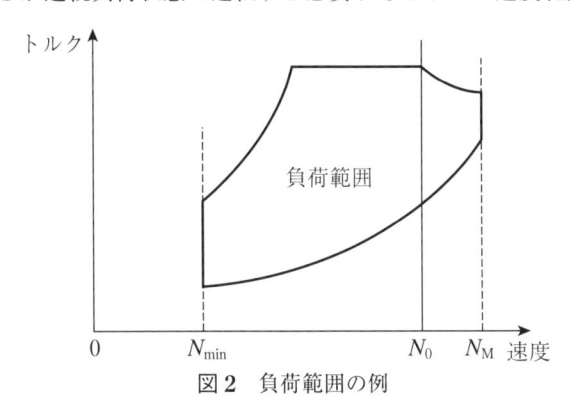

図2 負荷範囲の例

2.4.2 最低［運転］速度 (N_{min}) 被駆動装置から要求される最低の電動機速度。

2.4.3 最高［運転］速度 (N_M) 被駆動装置から要求される最高の電動機速度。

2.4.4 基底速度 (N_0) PDSが定格トルクを連続して出せる最高の電動機速度。

備考 通常，定トルク運転とてい（逓）減トルク運転の切換点速度となる。

2.4.5 磁束弱め運転 基底速度 (N_0) と最高運転速度 (N_M) との間の速度での磁束を弱めた運転。

2.4.6 空げきトルク脈動 定常状態において電動機が発生する空げきトルク（電磁トルク）の周期的脈動。最大両振幅値で表す。

2.5 制御

2.5.1 制御装置 さまざまな指令およびフィードバックの制御演算によって変換器への動作指示および状態情報を与える電子システム。

2.5.2 制御量 PDSの開ループまたは閉ループ制御変数。

備考 制御量の例として，電圧，固定子電流，周波数，速度，滑り，トルクなどがある。

2.5.3 環境条件変数 通常は環境条件（例：気温）に関係付けられた仕様値。この変数の変化に対してフィードバック制御システムが制御量を目標値に保つように修正する。

2.5.4 運転条件変数 環境条件変数以外の仕様で指定した変数（例えば，速度制御された駆動装置の負荷トルク特性。）。この変数の変化に対してフィードバック制御システムが制御量を目標値に保つように修正する。

2.5.5 開ループ制御 制御量の検出値を用いない制御。

2.5.6 フィードバック制御，閉ループ制御 制御量の検出値を用いる制御。

2.5.7 刺激入力 システムに反応を起こさせるための入力。

備考 例が 6.2.2 に挙げられている。

2.5.8 外乱 望ましくなく，かつ，多くの場合，予測できない入力量変動。目標値の変動は，含まない。

2.5.9 時間応答 入力量の一つに特定の変化が与えられた場合に引き起こされる出力量の時間的変化。

2.5.10 ステップ応答 入力量の一つにステップ状の変化が与えられた場合に引き起こされる出力量の時間的変化。

備考 入力量の変化が単位量である場合には，そのステップ応答を単位ステップ応答と呼ぶ。

2.6 試　験

2.6.1 形式試験　確定した仕様書に設計が適合することを示すために，その設計品の1台またはそれ以上に対して行う試験。[IEV 151 の 16-16 修正]

2.6.2 常規試験　確定した基準の適合可否を確認するために，製造中または製造後に個々の装置に対して行う試験。[IEV 151 の 16-17 修正]

2.6.3 抜取試験　製品ロットから不規則に取得したある数の装置に対して行う試験。[IEV 151 の 16-20 修正]

2.6.4 追加試験　システム供給者の判断，またはシステム供給者と購入者もしくはその代理人との協定によって，形式試験および常規試験に追加して行う試験。[JEC-2452 の 2.9.4 修正]

2.6.5 受入試験　装置が仕様書の確定条件に適合することを購入者に証明するための契約上の試験。[IEV 151 の 16-23 参照]

2.6.6 現地調整試験（コミッショニング試験）　据付が正しく行われ，所期の運転ができることを証明するために現地で行う試験。[IEV 151 の 16-24 修正]

2.6.7 立会試験　**2.6.1** から **2.6.6** の内，購入者またはその代理人が立会って行う試験。

2.6.8 単体試験　PDS を構成する主要機器（変圧器，電動機など）単体に対して個別に行う試験。

2.6.9 駆動システム試験　駆動システムの総合性能を確認するための組合せ試験。

2.7 記　号

よく用いる記号を表 1 に示す。

表1 主な記号

記号	単位	定義	変数（パラメータ）
I_{aM}	A	2.1.24	変換器出力過負荷電流（過負荷容量）
I_{aN}	A	2.1.22	変換器定格［連続］出力電流
I_{aN1}	A	2.1.23	変換器定格出力［基本波］電流
I_d	A	2.3.4	直流リンク電流
I_{LN}	A	2.1.22	［PDS］定格入力電流
I_{LN1}	A	2.1.23	［PDS］定格入力［基本波］電流
I_{VN}	A	2.1.22	変換器定格入力電流
J	kg·m^2		慣性モーメント
M_d	N·m		空げきトルク（電磁トルク）
M_s	N·m		軸トルク
N	min^{-1}		電動機速度
N_0	min^{-1}	2.4.4	基底速度
N_M	min^{-1}	2.4.3	最高運転速度
N_{min}	min^{-1}	2.4.2	最低運転速度
P_{aN1}	W	2.3.8	変換装置定格交流出力電力
P_{LN}	W	2.2.1	［PDS］定格入力電力
P_s	W		（電動機軸）出力
R_{SI}		IEC 61800-3 B.2.3.6	指定された接続点における電源の短絡容量の，この接続点から供給される設備（または設備の一部）の定格皮相電力に対する比
S_{aN}	VA	2.3.9	変換装置定格交流出力皮相電力
S_{LN}	VA	2.2.2	［PDS］定格入力皮相電力
TDR_a	%	2.1.16	変換装置出力総合ひずみ率
TDR_L	%	2.1.16	（次数間高調波を含む）入力総合ひずみ率
THD_a	%	2.1.14	変換装置出力総合高調波ひずみ率
THD_L	%	2.1.14	（次数間高調波を含まない）入力総合高調波ひずみ率
U_{aN}/f_{aN}	V/Hz		定格電圧・定格周波数比
U_{aN1}	V	2.1.21	変換器定格出力［基本波］電圧
U_{LN}	V	2.1.20	［PDS］定格入力電圧
U_{VN}	V	2.1.20	変換器定格入力電圧
U_{VN1}	V	2.1.21	変換器定格入力［基本波］電圧
$\cos\varphi_{L1}$		JEC-2452	［PDS］入力基本波力率
$\cos\varphi_{V1}$		JEC-2452	変換器入力基本波力率
f_{LN}	Hz		［PDS］定格入力周波数
η_{BDM}	%	2.1.6	BDM効率
η_{PDS}	%	2.1.5	PDS効率
η_A	%	10.1	電動機効率
η_T	%	10.1	変圧器効率
λ_{LN}		2.2.3	入力総合力率

3. 駆動システム構成の概要

3.1 構成の分類

PDS の構成を分類する主な基準は，次による。

(1) 変換装置の形態
(2) 転流方式
(3) 電動機の種類

次の項目のさまざまな組合せで PDS の構成を分類することができる。広く用いられている PDS の構成例を解説 1 に示す。

変換装置は，その形態による分類基準として間接（交流）変換装置および直接（交流）変換装置がある。第 2 の分類基準は，転流方式による分類で，他励と自励とがある。

3.2 変換装置の形態

3.2.1 間接（交流）変換装置
固定電圧および固定周波数の交流入力から可変電圧および可変周波数の交流出力への電力変換を，図 3 に示す直流リンクを介して行う。

直流リンクは，一つ以上のフィルタ素子（直列リアクトル，並列コンデンサなど）を備えている。

誘導性直流リンクの場合，電動機側の変換器を電流形インバータ（current source inverter, CSI）とよぶ。一方，容量性直流リンクの場合，電圧形インバータ（voltage source inverter, VSI）とよぶ。

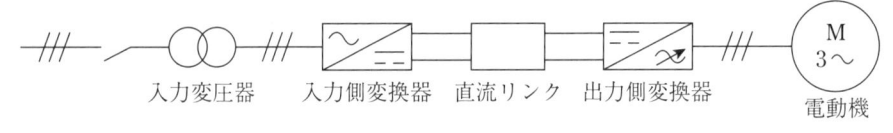

図 3 間接変換装置による駆動システムの一般構成

3.2.2 直接（交流）変換装置
固定電圧および固定周波数の交流入力から可変電圧および可変周波数の交流出力への電力変換を，図 4 に示すように直流リンクを介さないで行う。

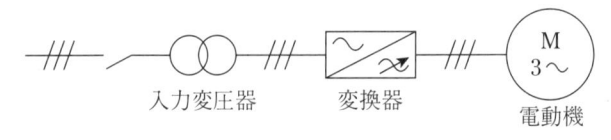

図 4 直接変換装置による駆動システムの一般構成

図 3 および図 4 の入力変圧器は，通常，一つの電源側三相巻線，および接続されている変換器の特質によって一つまたは複数の二次三相巻線をもっている。複数の二次巻線をもつ場合は，高調波特性および力率を改善するために，複数の変換器を直並列接続し，順序制御が付加されることもある。

3.2.3 転流方式

(1) 他　励　転流を行う電圧を変換装置の外部から与える。他励の転流には，電源転流および負荷転流を含む。電動機側に負荷転流形の変換装置をもつ間接変換装置は，負荷転流形インバータ（load commutated inverter, LCI）と呼ばれる。

(2) 自　励　　変換装置自身の機能によって転流を行う。

3.3　電動機の種類

主な電動機には，多相の同期電動機および誘導電動機がある。固定子巻線は，同期電動機および誘導電動機では，単一三相または多重三相が一般的である。さらに，誘導電動機は，かご形誘導電動機と巻線形誘導電動機とに分類される。

電源側および電動機側にそれぞれ複数の変換器と二つの分離固定子巻線をもつ電動機からなるシステム構成の例を図5に示す。

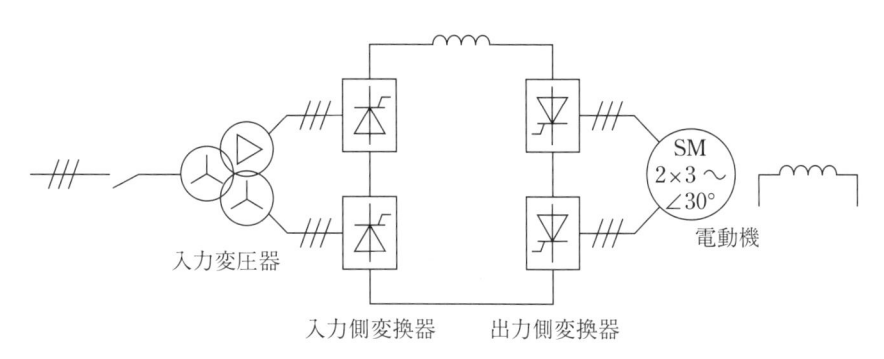

図5　複数の変換器と分離固定子巻線をもつ電動機による駆動システムの構成例

3.4　バイパスおよび冗長構成

PDSは，さまざまな目的のために，バイパス構成，冗長構成または両方の組合せ構成とする場合がある。これらの例を次に示す。

(1) バイパス構成の例

　(a) システム始動手順の最後に，通常動作として，電動機入力を変換装置出力から商用電源に切り換える。

　(b) 変換装置の故障時に，緊急動作として，システムを固定速度で運転できるように，電動機入力を変換装置出力から商用電源に切り換える。

　　備考　バイパス構成の場合，電動機定格に関し，変換装置なしの始動条件に注意する必要がある。

バイパス構成の例を図6に示す。電圧レベルマッチングのため，バイパスに変圧器を備える場合がある。

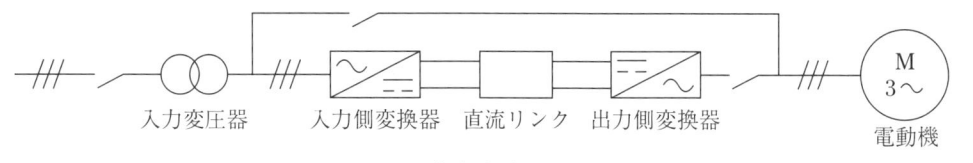

図6　バイパス付き駆動システムの構成例

(2) 冗長構成の例

選択的に分離可能なサブシステムとして動作する複数の変換器を備えて冗長構成とすることによって，システムの稼働率および信頼性を向上させる。すなわち，一部のサブシステムに故障が発生しても，正常な状態にあるサブシステムによって，システムとしての動作を継続する。この場合，PDS出力が低下することもある。

冗長構成の例を図7に示す。この例では，一方の変換器が故障した場合，もう一方の変換器だけで運転を継続する。

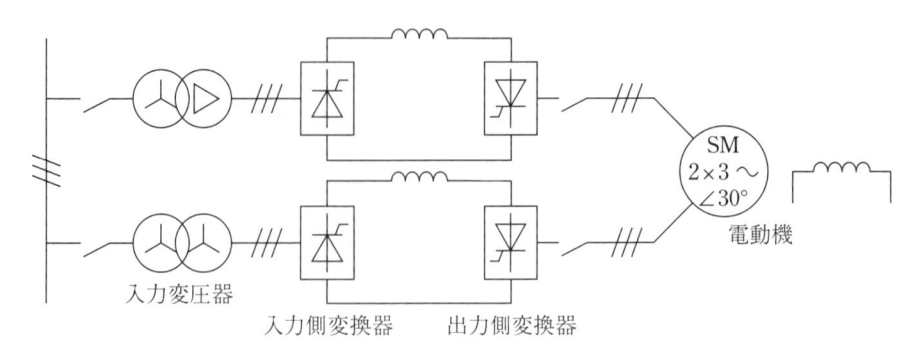

図7 冗長駆動システムの構成例

3.5 回生制動および発電制動

3.5.1 回生制動
トルクおよび速度は，一般に正負の二つの極性をもつので，駆動システムの動作には四つの象限が存在する。トルクと速度とが同じ極性にあるとき，エネルギーは電源から電動機へ流れる。一方，トルクが回転方向と逆向のとき，エネルギーは電動機から電源へ流れる。

電源から電動機へエネルギーが流れる状態を力行とよび，電動機から電源へ流れる状態を回生とよぶ。

解説1に示す構成の多くは，4象限運転が可能で，したがって，回生制動が可能である。

3.5.2 発電制動
発電制動の場合，エネルギーは抵抗器で消費される。

一例として，直流リンクのコンデンサと並列にチョッパを介して抵抗器が接続された電圧形インバータによる駆動システムの構成を図8に示す。発電によって電流の逆流が起こると，チョッパはコンデンサ電圧を制御するように動作し，制動エネルギーが抵抗器で消費されるようにする。

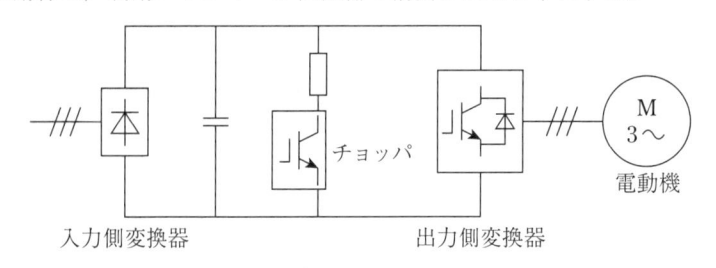

図8 発電制動の駆動システムの例

4. 使 用 状 態

4.1 据付および運転

4.1.1 電気的使用状態

(1) 常規使用状態　特に指定がない限り，PDSは，表2に規定する電気的使用状態で運転するように設計する。PDSに対するEMC（電磁両立性）の要求事項は，**IEC 61800-3**による。

表2 電気的使用状態

項 目	限度値	準拠規格
周波数変動	$f_{LN} \pm 2\%$ $f_{LN} \pm 4\%$（公衆電力網から分離した電源系統で使用されるPDSの場合）	IEC 61800-3
周波数変化率	$2\%/s$	IEC 61800-3
電圧変動	$\pm 10\%$ $+10\%$, -15%, $t \leq 1$ min [1]	IEC 61800-3
電圧揺らぎ	最大変動幅 　12 %　ただし，電圧変動の許容範囲内 最小変動間隔：2 s 変動の上昇および下降時間：電源の5周期以上	IEC 61800-3
電圧ノッチ	電圧ノッチの深さ： 　10～50 %，$t \leq 100$ ms 　10～100 %，$t \leq 5$ s [2]	IEC 61800-3
電圧不平衡	主電源：2 %（零相および逆相成分） 補助電源：3 %（零相および逆相成分）	IEC 61800-3
電圧高調波 　定常状態 　過渡状態	$THD \leq 10\%$（定常状態） $THD \leq 15\%$, $t \leq 15$ s [3]	IEC 61800-3
電圧の次数間高調波 　定常状態 　過渡状態	$IDR \leq 0.5\%$ $IDR \leq 0.75\%$, $t \leq 15$ s	IEC 61000-2-4 附属書A
転流ノッチ	転流ノッチの深さ：U_{LWM} の 40 %（U_{LWM} は過渡的な電圧を除外した 　　　　　　　　　線間電圧の波高値） 主電源の転流ノッチの電圧時間積：125 % ･ 度 補助電源の転流ノッチの電圧時間積：250 % ･ 度	IEC 61800-3

注(1) 定格電圧より低いときにも定格運転が必要な場合については，購入者と供給者との間の協定事項に挙げなければならない。
(2) 主電力端子における小さな電圧ノッチは，性能判定基準BまたはCに位置付けられ，最も大きな電圧ノッチは，性能判定基準Cに位置付けられている。補助電力端子における小さな電圧ノッチは，性能判定基準AまたはBに位置付けられ，最も大きな電圧ノッチは，性能判定基準Bに位置付けられている。性能判定基準は次による。
　　性能判定基準A：PDSの動作に影響がない。
　　性能判定基準B：PDSの動作に影響はあるが，自己回復する。
　　性能判定基準C：保護装置が動作し，自己回復不能である。
　詳細はIEC 61800-3を参照。
(3) これらの数値は，PDSの運転中における値とする。

(2) **電源インピーダンス**　PDSの保護機器，特に電源フィーダの保護（**8.3**参照）は，指定された短絡比（R_{SI}）の範囲内で正常に機能するように設計する。

　標準的な設計のPDSにおいて，定格性能を満たす短絡比（R_{SI}）は，電源接続点（PC）で20以上とする。
　標準的な設計のPDSにおいて，保護条件を満たす短絡比（R_{SI}）は，電源接続点（PC）で100以下とする。
　短絡比（R_{SI}）の範囲が20未満または100を超えるような特殊設計の場合，その仕様を明記する。

(3) **繰返しおよび非繰返し過渡現象**　典型的な交流電源電圧波形には，繰返しおよび非繰返しの過渡現象が見られる。過渡現象は，変換装置の転流，電力回路網中の開閉装置の開閉，電力システムの外乱などによって発生する。

　PDSは，PDSの変圧器（図1参照），または電源接続点（PC）に接続されているほかの変圧器を投入または遮断することによって発生する非繰返し過渡現象においても運転できるように設計する。

備考　PCにおいて非常に高い過電圧が発生する可能性がある場合，購入者はサージ電圧を指定する。例えば，6 kV電源に対して，購入者は，サージ電圧を次のように指定する。
- (a) 遠方での開閉の場合：15 kV ピーク，250/2 500 µs。
- (b) 近傍での開閉の場合：12.3 kV ピーク，50/400 µs。

(4) 特殊な電気的使用状態　(1)から(3)以外の特殊な使用状態については，購入者と供給者との間の協定による。

4.1.2 適用環境条件

(1) 気候条件　PDS（変換装置または変換器と異なった場所に設置されている変圧器および電動機は除外可能。）は，次に示すようなJIS C 60721-3-3のクラス3K3に規定する環境条件，およびJEC-2410の3.に規定する冷却媒体で運転ができなければならない。

- (a) 冷却媒体入口温度

    空気：0℃から+40℃

    水：+5℃から+30℃

- (b) 周囲温度

    +5℃から+40℃

    +35℃　　日間平均，空気

    +20℃　　年間平均，空気

    備考　IEC 61800-4との相違点については，解説4参照。

- (c) 相対湿度

    5％から85％，結露なし

- (d) 標　高

    1 000 m　最大標高

- (e) 粉じんおよび固形粒子　標準の機器は，汚染度2の清浄な空気を前提に設計する。非標準使用状態，または購入者の要求による条件がある場合は，JIS C 0920のきょう体の保護等級を参照。

- (f) 長期休止期間　購入者は，周囲条件が(a)から(e)に規定する範囲に収まっている場合でも，長期の休止が予想されるときは，その期間などを明示することが望ましい。

(2) 機械的設置条件　PDS(BDMと異なった場所に設置されている変圧器および電動機には適用しない。)は，屋内の強固な取付面または補助的なきょう体内に設置しなければならない。その際に，換気または冷却に重大な障害を与える場所であってはならない。PDSの信頼性向上のために空調機を設置することが望ましい。

これ以外の設置環境に対しては，購入者と変換装置供給者との協定による。

振動は，固定された機器に対して一般的に適用されるJIS C 60721-3-3のクラス3M1の限度値内でなければならない（表3参照）。この限度値を超える振動，または固定されていない機器に対しては，機械的特殊条件とみなす。

表3　据付状態での振動限度値

周波数 (Hz)	変位振幅（片振幅） (mm)	加速度 (m/s^2)
$2 \leq f < 9$	0.3	非該当
$9 \leq f < 200$	非該当	1

変換器，変圧器および電動機は，それぞれの製品規格に適合していなければならない。

(3) **特殊な適用環境条件**　(1)および(2)に規定された常規使用状態から外れた特殊な状況における使用は，非標準として考慮する。これらの特殊な適用条件は，購入者が仕様を指示する。

次に規定する特殊な適用条件は，特別な構造や保護特性を要求する場合がある。

(a) 屋外で使用する場合。

(b) 風雨または水滴の落下にさらされる場合。

(c) 塩素ガス，亜硫酸ガスなどの有害ガスを含む空気中で使用する場合。

(d) 過剰な湿度にさらされる場合（85 %を超える相対湿度）。

(e) 過剰な粉じん中にさらされる場合。

(f) 蒸気または結露にさらされる場合。

(g) 油性の蒸気にさらされる場合。

(h) 爆発性の粉じんまたはガスにさらされる場合。

(i) 塩分を含む空気にさらされる場合。

(j) 異常な振動，衝撃，傾きにさらされる場合。

(k) 異常な輸送または保存条件にさらされる場合。

(l) 過大，高頻度または急激な温度変化にさらされる場合。

(m) 設置スペースに特別な制約がある場合。

(n) 水あか，電食，腐食などの原因となる酸または不純物を過剰に含む冷却水を用いる場合。

(o) 非日常的な高レベルの放射線が存在する場所で用いる場合。

(p) 1 000 mを超える高度で用いる場合。

(q) 長期間の休止がある場合。

(r) 騒音について厳しい制限がある場合。

変換器，変圧器および電動機の特殊な使用環境条件は，それぞれの製品規格を参照のこと。

4.1.3 現地調整　特にほかに指定しない限り，現地調整は，運転時と同じ常規使用状態および特殊使用状態が適用される。

4.2 輸　　送

4.2.1 気候条件

(1) **一　般**　機器は，次の環境条件において供給者の一般的なこん包で輸送できなければならない。

(2) **周囲温度**

－25 ℃から＋55 ℃

備考1．気温は，機器のすぐ近くの周囲温度によって制限する（例：コンテナ内）。
　　　2．これらの限度値は，冷却水（冷却媒体）を除去した状態で適用する。

(3) **相対湿度**　5 %から95 %，結露なし

(4) **気　圧**　86 kPaから106 kPa

変換器，変圧器および電動機は，それぞれの製品規格に適合していなければならない。

(5) **特殊な気候条件**　－25 ℃以下の気温

輸送中，－25 ℃以下の温度になることが予想される場合，加温して輸送するか，または低温に敏感な

部品を選別し，取り外して輸送する必要がある。

4.2.2 機械的条件

(1) 一　般　　機器は，JIS C 60721-3-2 のクラス 2M1 に規定された限度値内で供給者のこん包によって輸送できなければならない。この限度値は，振動と衝撃に関する次の要求事項を含む。

(2) 振動限度値　　限度値を表 4 に示す。

表 4　輸送中の振動限度値

周波数 (Hz)	変位振幅（片振幅） (mm)	加速度 (m/s^2)
$2 \leq f < 9$	3.5	非該当
$9 \leq f < 200$	非該当	10
$200 \leq f < 500$	非該当	15

備考　JIS C 60721-3-2 クラス 2M1 参照。

(3) 衝撃限度値　　この限度値は，0.1 m の高さからの自由落下に相当する。

備考 1. 衝撃および振動が，限度値を超えると予想される場合，特別なこん包および輸送が必要となる。
　　 2. 環境条件が緩やかなことが，あらかじめわかっている場合，供給者，購入者および輸送者との間で合意することによって，規定を緩和することができる。
　　 3. 変換器，変圧器および電動機は，それぞれの製品規格に適合していなければならない。

4.3 機器の保管

4.3.1 一　般　　こん包が屋外，または覆いがない場所での保管に適していない場合，機器を受け取り次第，直ちに屋内，または十分な覆いをした場所に置く。

4.3.2 気候条件　　機器は，次に示す環境条件で保管できなければならない。

(1) 周囲温度　　クラス 1K4：-25 ℃から +55 ℃

(2) 相対湿度　　5 %から 95 %，結露なし

備考　機器は，結露から保護されなければならない。機器のいずれかの部分がすぐに据付されない場合，清潔な乾燥した場所に保管し，温度変化，高湿度，粉じんなどから保護する。可能な場合，急激な温度および湿度の変化は避けることが望ましい。保管室の温度が，機器の表面が結露または凍結にさらされるような範囲で変化する場合，安全で，かつ，信頼性が高いヒータによって，保管室の温度より機器の温度を少しだけ上昇させて機器を保護する。機器が長時間低温で保管される場合，機器が室温に戻るまで開こんしない方がよい。開こんした場合，機器に結露が生じることがある。内部部品に結露が生じると，電気的な障害が発生する可能性がある。

(3) 気　圧　　86 kPa から 106 kPa

これらの限度値は，冷却用液体を抜き取った条件で適用する。

保管条件および保管期間は，購入者と供給者との間で取り決め，合意する。

変換器，変圧器および電動機は，それぞれの製品規格が優先する。

4.3.3 保管に関する注意事項　　次の事項に特に注意をする。

(1) 水　　屋外設置用に特殊設計された機器を除き，機器は，雨，雪，みぞれなどから保護されなければならない。

(2) 結　露　　温度および湿度の急激な変化を，避けることが望ましい。

(3) 腐食性物質　　機器は，塩霧，危険なガス，腐食性液体から保護されなければならない。

(4) 時　間　　4.3.2 は，輸送および保管の合計期間が 6 か月以内の場合に適用し，より長期間保管する場合は，特別な配慮が必要となる〔例えば，JIS C 60721-3-1 のクラス 1K3（-5 ℃から +45 ℃）とする〕。

(5) げっ歯類（ねずみなど）および菌類　保管中，げっ歯類または菌類に侵されることが予想される場合，機器の仕様として保護項目が必要となる。

　(a) げっ歯類　機器の外面の材質，および冷却器の接続のための開口部径などは，げっ歯類による被害および侵入を妨げるように仕様を決定する。

　(b) 菌　類　材質に関し，保管および運転の条件に合った抗菌の程度を仕様で決定する。

5. 定　　　格

5.1　交流駆動システム（PDS）

5.1.1　一　般
PDS の主な主回路部品の仕様は，供給者が決定する（**7.** 参照）。

5.1.2　PDS の入力定格

(1) 定格入力電圧および周波数

　PDS の定格入力電圧および定格周波数は，購入者が指定する。

　電圧は，次のいずれかの値とすることが望ましい。

　　3 kV, 3.3 kV, 6 kV, 6.6 kV, 11 kV, 22 kV, 33 kV

　ただし，システムの最適化のため，非標準の電圧値を指定してもよい。

(2) 定格入力電流

　定格入力電圧および PDS の定格負荷における次の入力電流値を，システム供給者が指定する。

　(a) PDS の総実効値電流。PDS と同じ電圧レベルで，同じ電源ライン上に接続された補助機器の電流を含んでいる場合がある。

　(b) 基本波成分を含めた，PDS の 40 次までの各次高調波電流の限度値。

　(c) 補助機器の電流が別の電源から供給される場合，高調波成分を含めて（必要がある場合），それぞれの補助電源に必要な電流。

　これらの値は，指定された最小交流電源インピーダンス（入力変圧器を含む。）で，かつ，供給電圧のひずみがない条件で，供給者が指定することが望ましい。

5.1.3　PDS の出力定格

(1) 運転速度範囲　運転速度範囲は，次のパラメータを用いることによって決定する。

　(a) N_{min}：最低運転速度

　(b) N_0：基底速度

　(c) N_M：最高運転速度

　危険速度については，供給者と被駆動装置供給者との間で調整が必要である（**8.4** 参照）。

(2) トルクおよび容量定格　PDS の連続出力定格および過負荷耐量は，(1)で規定された各速度での，電動機軸における許容連続トルクおよび過負荷トルク，または出力として指定することが望ましい。

　トルクリプルについては，供給者と被駆動装置供給者との間で調整が必要である（**8.4** 参照）。

(3) 運転象限　(1)および(2)の定格は，供給者と購入者との間で決められたすべての運転象限に対して指定

5.1.4 PDSの効率および損失　総合効率の算定に含めるPDSの機器の範囲を明確にする。決定手順に関しては，**10.** 参照。

　備考　PDSの損失には，PDS構成要素（例：冷却ファン，励磁装置，制御装置）の補助的損失を含める。

PDSの効率または損失は，定格負荷および基底速度において供給者が指定する。保証を与える場合には，効率または損失は，常に定格値，定格状態で指定する。この場合，電力損失については，次の裕度を適用する。

(1)　システム　　　＋7 %

(2)　変換器　　　自励変換器：＋20 %
　　　　　　　　　他励変換器：＋10 %

(3)　変圧器，電動機，その他の構成要素　　製品規格による。製品規格がない場合，＋10 %。

効率および損失の速度による変化の例を図9に示す。

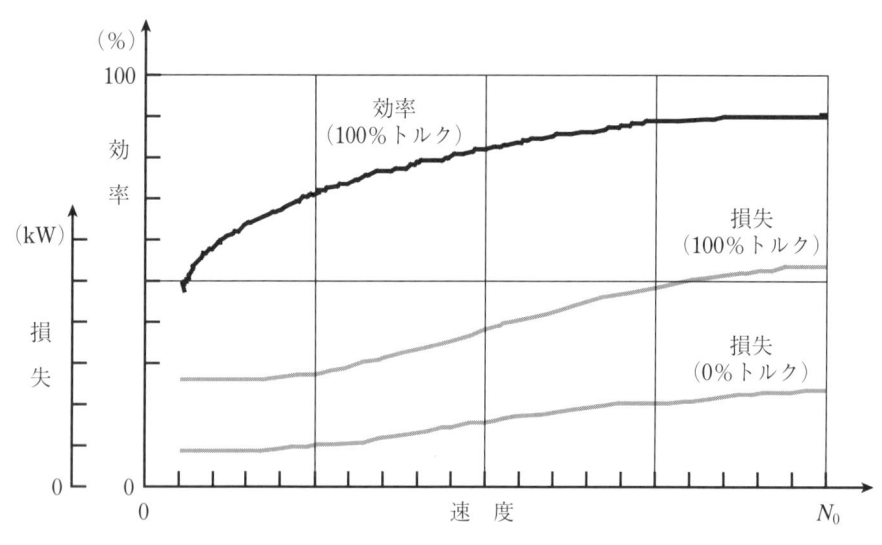

図9　一定磁束状態でのPDSの効率および損失の例

5.1.5 PDS過負荷耐量　連続的な負荷状態での定格電流（**5.2.1** 参照）のほかに，システム供給者は，指定された過負荷状態での定格電流を別途指定してもよい。すなわち，1種類の変換装置に対して，システム供給者は，負荷の種類に応じて異なる定格値を割り当ててもよい。過負荷耐量は，定格速度範囲で適用される。

PDSの過負荷耐量は，間欠負荷責務または繰返し負荷責務で仕様を指定できる。より広範な分類方法が，計算方法とともにIEC 61800-6に示されている。

　備考1.　過負荷耐量を考える場合には，BDMの過負荷電流を規定し，電動機の発生するトルクは規定しない。
　　　2.　購入者とシステム供給者または機器製造者との協定によって特殊な過負荷条件を指定してもよい。例えば，過負荷値および持続時間は，JEC-2410の表9の責務クラスに従ってもよい。

動作責務期間中の出力電流実効値は，定格出力電流を超えてはならない。10分周期で1分間の過負荷を繰り返す例を表5および図10に示す。

表5　過負荷に応じた連続負荷最大値の例

過負荷		連続負荷（過負荷値に応じて低減）	
過負荷電流 I_{aM} (p.u.)	過負荷期間 T_{aM} (min)	連続負荷電流 I_{aR} の最大値 (p.u.)	低減連続負荷期間 T_{aR} (min)
1.5	1	0.928	9
1.25	1	0.968	9
1.1	1	0.988	9

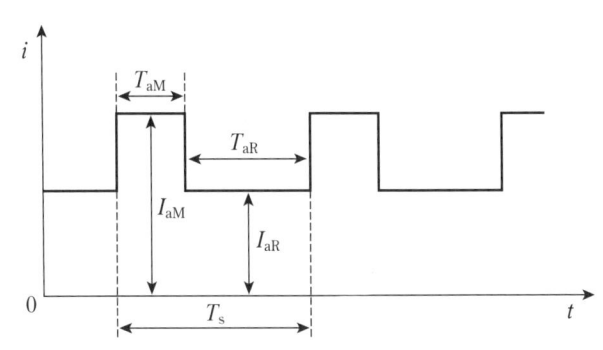

I_{aM}：過負荷電流
I_{aR}：低減された連続負荷電流
T_s：負荷周期
T_{aM}：過負荷期間
T_{aR}：低減された連続負荷期間

図10　過負荷サイクルの例

繰返し負荷責務の場合，変換器の定格基本波電流 I_{aN1} は，負荷周期全体における電動機電流実効値以上でなければならない。また，変換器の過負荷耐量は，その負荷サイクル全体に対して適切でなければならない。

連続負荷責務の場合，変換器の定格基本波電流 I_{aN1} は，指定された連続的な電動機トルクを供給するのに必要な連続的な電動機電流以上でなければならない。間欠負荷責務の場合には，過負荷によって変換器の過負荷定格を超えてはならない。

5.2　変換器

5.2.1　変換器入力定格　変換器製造者は，変換器入力の電圧および周波数の定格を決定する。電源周波数の標準値は，50 Hz または 60 Hz である。

入力定格電流は，定格電源電圧および定格PDS負荷状態で指定する。

(1)　変換器入力の定格実効値電流：I_{VN}

(2)　基本成分を含めた変換器入力の40次までの各次高調波電流：I_{VNh}

これらの値は，指定された最小交流電源インピーダンス（変圧器を含む。）を条件として指定する。

PDSが入力変圧器を含んでいる場合には，システム供給者は，変圧器中性点（変圧器の変換器側）の接地方式（非接地を含む。）を指定する。

5.2.2　変換器出力定格　出力側機器（電動機など）の，指定されたインピーダンスまたは標準的なインピーダンスに対する運転周波数および電圧範囲は，次のパラメータを用いる。

(1)　U_{aN1}：定格出力基本波電圧

(2)　f_{min}：最低運転周波数

(3)　f_{max}：最高運転周波数

定格出力電流は，定格出力電圧および定格PDS負荷の状態で指定する。

(1) 変換器出力の全実効値電流：I_{aN}

(2) システム構成上必要な場合，変換器出力中の基本波成分を含む各次高調波電流：I_{aNh}（h はシステム供給者が指定する）

　この高調波電流の限度値は，出力側機器（電動機など）の，指定されたインピーダンスまたは標準的なインピーダンスに対して，システム供給者が指定する（**8.** 参照）。

定格出力線間電圧は，定格出力電流および定格PDS負荷の状態で指定する。

(1) 変換器出力の全実効値電圧：U_{aN}

(2) システム構成上必要な場合，変換器出力中の基本波成分を含む各次高調波電圧：U_{aNh}（h はシステム供給者が指定する。）

　この高調波電圧の限度値は，出力側機器（電動機など）の，指定されたインピーダンスまたは標準的なインピーダンスに対して，システム供給者が指定する（**8.** 参照）。

(3) システム構成上必要な場合，変換器出力電圧の立上がり時間（**8.** 参照）。

5.2.3 効率および損失　BDM効率の定義は，**2.1.6**による。

通常，効率は，計算もしくは測定，またはその両方を組み合わせた手段によって指定する（**10.** 参照）。

変換装置の効率の決定において，その算定に含める装置の範囲を明確にする。変換装置の効率を算定する場合は，JEC-2410の4.3.4を参照する。直流リンクの損失，すなわち，直流リアクトル，コンデンサ，ヒューズ（ある場合）ならびに母線導体に起因する損失は，全損失の一部であり，計算に入れることが望ましい。効率を計算する場合，変換装置の要素部品について，その損失を含めるかどうかに疑問があるときは，明示された効率にこのような損失が含まれているかどうかを指定する。

5.3 変圧器

変圧器は，**5.2**で規定する変換器の連続出力定格および過負荷耐量に適合するように定格を指定する。

高次の高調波電流による漂遊損失の増加分と同様に，高調波電圧による鉄損の増加分も考慮する。

詳細は，**10.**を参照。

絶縁を含めて，電圧波形の影響を考慮することが望ましい（**7.2.4** 参照）。

変圧器は，JEC-2410またはJEC-2440に適合しなければならない。

5.4 電動機

5.4.1 電動機入力定格　出力側機器（電動機など）の，指定されたインピーダンスまたは標準的なインピーダンスに対する運転周波数および電圧範囲は，次のパラメータを用いてシステム供給者が指定する。

(1) U_{AN1}：定格電動機基本波電圧

(2) f_{min}：最低周波数

(3) f_{max}：最高周波数

電動機端子での電圧の高調波および立上がり時間は，システム供給者が指定する（**8.** 参照）。

次の電動機電流は，定格電動機電圧，基底速度および定格PDS負荷状態に対してシステム供給者が指定することが望ましい。

(1) 電動機の全実効値電流（I_{AN}）

(2) 電動機の基本波電流およびその高調波電流（I_{ANh}）は，仕様で与えられた出力インピーダンスまたは代

表的な出力インピーダンス［電動機ならびに変圧器（ある場合）およびフィルタ（ある場合）を含む。］を条件として示す。

(3) ある場合，電動機の界磁電流

(4) 補助電源電流

備考 必要な場合，高調波電流による損失を考慮する。PDS動作状態における電動機定格電流は，正弦波電源で駆動される場合の定格電流に対して，低減する必要がある場合がある。

5.4.2 電動機出力定格 負荷範囲（**2.4.1**参照）は，システム供給者，購入者および被駆動装置供給者の当事者間で決めることが望ましい。連続および過負荷の電動機容量は，PDSで要求される全動作出力条件を満足することが必要である。

電動機定格出力は，最大連続出力トルクと基底速度との積によって決まる。これは，必ずしも，負荷（システム慣性モーメントを含む。）によって要求される最大軸動力には該当しない。必要な場合には，厳しい過負荷条件または電流高調波含有量を考慮に入れ，さらに大きな電動機定格を選択することもある。

6. 性　　　　能

6.1 定常状態性能

6.1.1 定常状態 制御システムは，設定値および運転条件変数が制御システム安定時間の3倍以上の期間一定とした場合，かつ，環境条件変数が，これによって影響される装置のもつ時定数（例えば，速度センサの熱時定数。）のうち最も長いものの3倍以上の期間一定の場合，定常状態とみなす。トルク，速度，位置などの駆動システム変数の定常状態の条件については，**6.1.2**および**6.1.3**によって規定する。

6.1.2 偏差幅 偏差幅（図11参照）は，定常状態における直接制御量（またはその他の指定量）の総合逸脱量とする。

直接制御量を表す信号は，システム供給者と購入者との間で特別に合意されていない場合，100 msの時定数をもつローパスフィルタによってノイズおよびリプルを除去することが望ましい。

偏差幅は，次のように表示する。

(1) 直接制御量（またはその他の指定量）の場合は，最大設定値の百分率で表示する（**6.1.3**の例を参照）。

(2) 位置のように基準量をもたないシステムの場合は，絶対数として表示する。

備考 偏差幅は，定常制御性能と関連付けられない事項を規定するために用いることはできない［例えば，トルク脈動（**7.4.4**(4)参照），または負荷トルクもしくは電動機トルクの脈動の結果として現れる速度の脈動（**6.2.2**(6)参照）］。

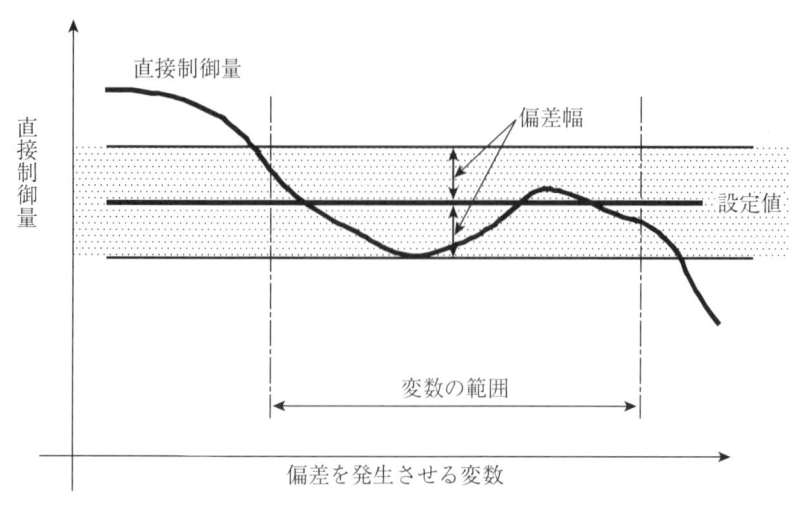

図 11 偏差幅

6.1.3 偏差幅の選定（定常状態） フィードバック制御系における定常状態の偏差幅は，表6の数値を選んで指定する（表にない数値を協定によって指定してもよい。）。

適用する運転条件変数および環境条件変数の変化の範囲を指定する（図11参照）。

表6 最大偏差幅

単位 ％

± 20	± 10	± 5	± 2	± 1	± 0.5	± 0.2	± 0.1	± 0.05	± 0.02	± 0.01

例　変換装置によって駆動される 60 Hz，1 780 min^{-1} の電動機を例とする。最高速度は 2 000 min^{-1}，速度偏差幅は ± 0.5 ％とする。運転条件は，速度範囲：0 ～ 2 000 min^{-1}，負荷トルク範囲：0 ～ 定格トルク，環境条件は，周囲温度範囲：+ 5 ℃ ～ + 40 ℃ とする。

　この場合，速度指令値，負荷トルクおよび周囲温度が規定された範囲内において実際の速度と理想値（速度指令）との偏差は，
$$2\,000 \text{ min}^{-1} \text{ の} \pm 0.5\% = \pm 10 \text{ min}^{-1}$$
となる。

　例えば，速度指令が 1 200 min^{-1} の場合，電動機の実速度は 1 200 min^{-1} ± 10 min^{-1}，すなわち，1 190 min^{-1} から 1 210 min^{-1} の間となる。

6.2 動的性能

6.2.1 一　般 電流制限に基づく加速運転または時間設定に基づく加速運転は，PDS の基本機能のひとつである。

動的性能を重視するとき（解説2参照）は，購入者とシステム供給者との間で，次の項目について，合意を得なければならない。

6.2.2 時間応答

(1) 概　要　時間応答とは，指定された動作条件および環境条件での目標値に対する出力の時間変化の特性である（**9.3.4** 参照）。

購入者とシステム供給者との間に特別な取決めがない場合，指定された条件以外に，次の運転条件および環境条件における PDS の運転を確認する。

(a) 基底速度

(b) 無負荷

(c) 定格電源条件（電圧，周波数）ならびに適切な電動機電圧および周波数条件

(d) 周囲温度が環境条件の範囲内であり，測定器およびインタフェースは1時間の予備運転を実施し温度

が安定した状態。

変換装置のバルブデバイスの動作などに起因して，出力信号には非常に大きなリプルを含むことがある。購入者とシステム供給者との間に特別な取決めがない場合，時間応答の評価（図 12 参照）には，信号のリプルを除いた平均特性を用いる。

PDS の代表的な時間応答として，速度，電流またはトルクの目標値をステップ状に変化させた場合の応答（図 12），および負荷トルクを変化させた場合の応答がある（図 13）。負荷トルクの変化は，購入者とシステム供給者との間に特別な取決めがない場合，100 ms 以内に，オーバシュートすることなく，零から指定された値まで直線的に増加（または指定された値から零まで直線的に減少）すると仮定する。

(2) 応答時間　応答時間は，システムに対して指定された操作を開始した後，出力が適切な方向に変化して指定値に達するのに要する時間である。

指令入力のステップ変化に対する応答時間を規定する指定値は，初期平均値にステップ変化幅の 90 % を加えた値とする（図 12 参照）。購入者とシステム供給者との間に特別な取決めがない場合，オーバシュートは，ステップ変化幅の 10 % 以下とする。

運転条件変数の変化に対する時間応答を規定する指定値は，最終平均値に最大過渡偏差の極性を考慮してその 10 % を減じた，または加えた値とする（図 13 参照）。

(3) 立上がり時間　立上がり時間は，フィードバックシステムの出力が初期状態近傍の指定幅を超えたときから，定常状態近傍の指定幅内まで変化するのに要する時間である（図 12 参照）。

システム供給者と購入者との間に特別な合意がない場合，初期状態近傍の指定幅は増分の 10 %，定常状態近傍の指定幅は増分の − 10 %，および過渡オーバシュート量は増分の 10 % 以下とする。

"立上がり時間"に対する条件が設定されていない場合は，ステップ入力に対する応答と解釈する。ステップ入力以外の場合，入力のパターンおよび大きさを指定する。

(4) 整定時間　整定時間は，システムに対して指定された操作を開始した後，対象となる変数が最終値を中心とした指定幅以内に入り，それを逸脱しなくなるまでの時間である。

ステップ入力（図 12 参照）に対する定常的な変化における整定時間の指定幅は，システム供給者と購入者との間に特別な合意がない場合，増分の ± 2 % とする。

運転条件変数の変化（図 13 参照）における整定時間の指定幅は，システム供給者と購入者との間に特別な合意がない場合，最大過渡偏差の ± 5 % とする。

(5) 負荷急変による速度偏差時間積　負荷急変による速度偏差時間積（位置のドリフトに相当）は，負荷トルクの急変に対して速度制御の応答を評価するのに用いる（図 13 参照）。計算式は，次による。

$$負荷急変による速度偏差時間積 = \frac{応答時間 \times 最大過渡偏差}{2}$$

ここで，最大過渡偏差は，最大運転速度に対する百分率として与える。したがって，負荷急変による速度偏差時間積の単位は，パーセント秒（% s）である。

(6) トルク振幅係数（TAF）　トルク振幅係数は，次の式である。

$$TAF = \frac{M_p - M_{ini}}{M_{inc}}$$

ここで，M_p は，負荷トルクの急増 M_{inc} の後で軸系に現れるピークトルクを示し，M_{ini} は，トルク増加

以前の初期トルクを示す。

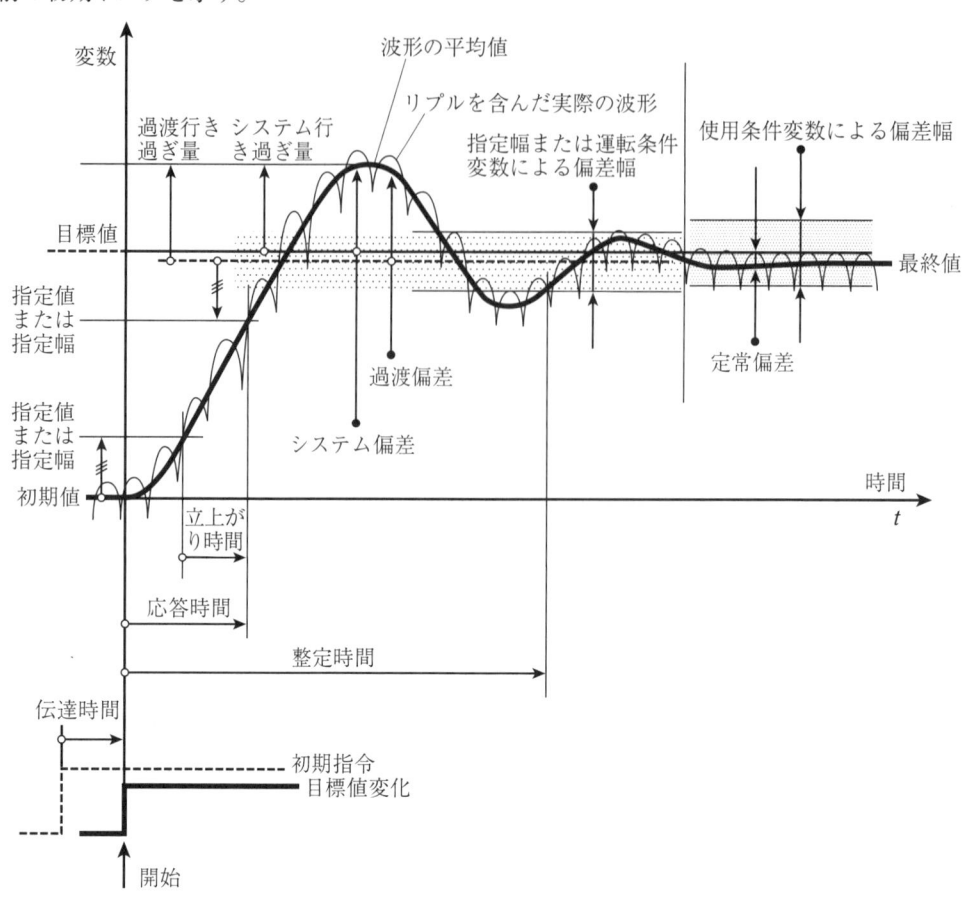

図12 目標値のステップ変化に対する時間応答（運転条件変数不変）

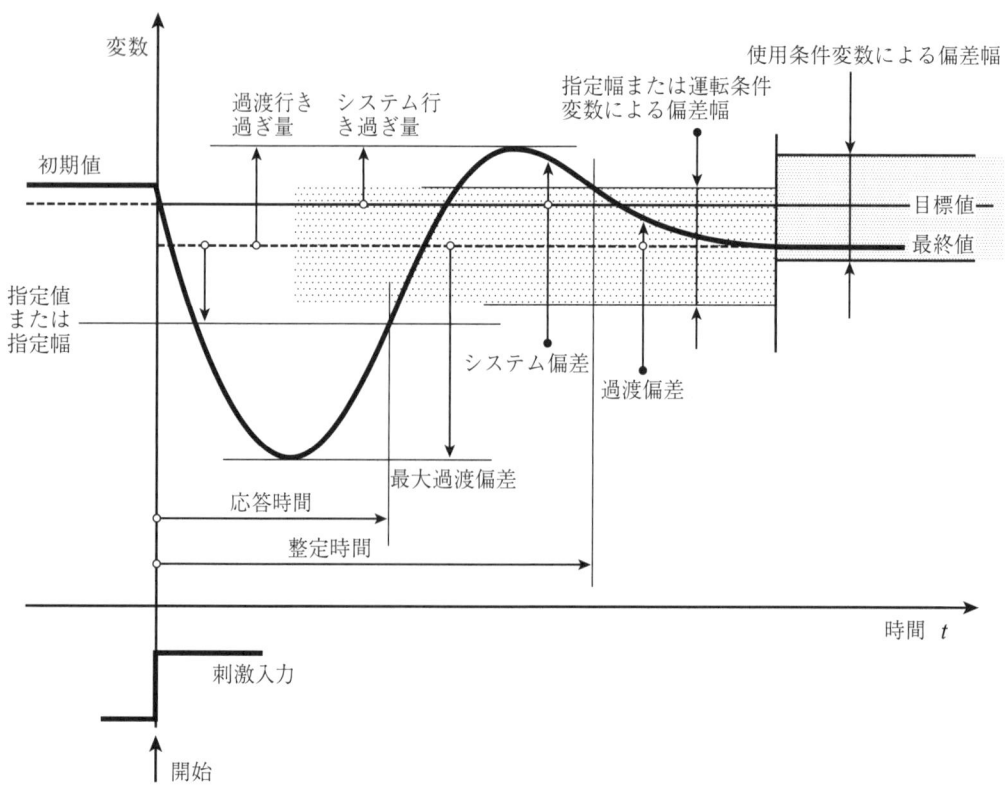

図13 運転条件変数のステップ変化に対する時間応答（目標値不変）

(7) **動的偏差** 動的偏差は，目標値が指定された変化率で変化しているときの，目標値と実際値との間の偏差である（図14参照）。

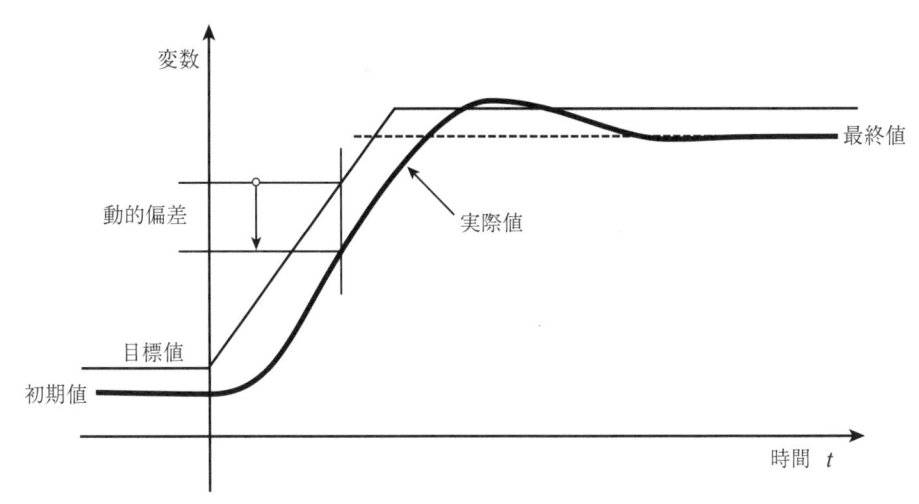

図14 指定変化率で目標値が変化する場合の時間応答

6.2.3 制御の周波数応答

(1) **周波数解析** 周波数応答は，フィードバック制御において，正弦波の刺激入力と制御変数との間の振幅比および位相差を，刺激入力の周波数の関数として表す。

備考1. 周波数応答を周波数分析器によって測定する場合，正弦波の周波数を変化させる代わりに，複数の周波数をもつ刺激入力を用いることができる。

2. 増幅率はデシベル値（dB）で表現することが一般的である。式は，次による。

$$G = 20 \log_{10}\left(\frac{F_2}{F_1}\right)$$

ここで，F_2/F_1 は振幅の比であり，G は増幅率（dB）である。例えば，振幅比が0.708の場合，増幅率は，約 -3 dB となる。

(2) **制御帯域** 制御帯域は，入力変化に対し，周波数応答の増幅率および位相差が，それぞれ 0 dB と 0°を中心とする指定幅の中に留まる周波数の範囲である（図15参照）。システム供給者と購入者との間に特別な合意がない場合，指定幅は，増幅率 ±3 dB および位相差 ±90° とする。

図 15 制御システムの周波数応答

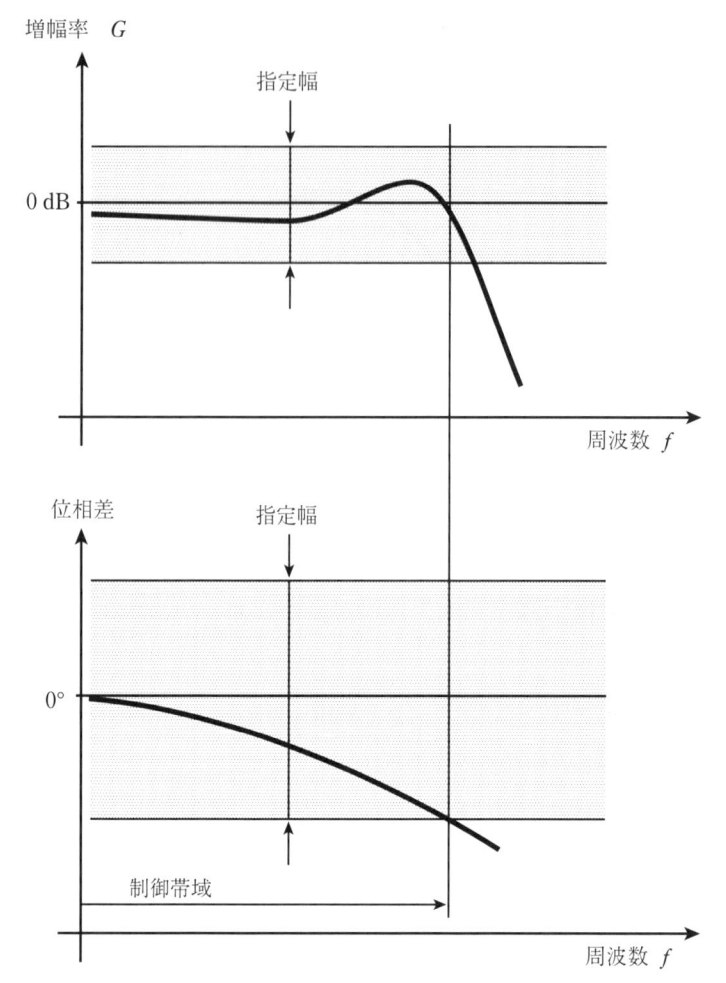

備考　この図では，指定された位相幅によって，制御帯域が制限されている。

(3) **外乱に対する感度**　刺激入力が指定された運転条件変数である場合，外乱に対する感度は，周波数応答の増幅率である。代表例は，負荷トルク脈動に対する電動機速度の感度が挙げられる（**解説 2 の 3. 参照**）。

　備考　制御変数の振幅および刺激入力の振幅がいずれも p.u. で表現されるときは，感度をデシベル（dB）で表現してよい。

6.3 プロセス制御のインタフェース

6.3.1 一般
プロセス制御のインタフェースおよびその性能は，できるだけ早い段階において，システム供給者（**7.1 参照**）と購入者とが合意しなければならない。この中には，次の **6.3.2** から **6.3.6** の項目がある。

6.3.2 アナログ入力特性
指定項目の例を次に示す。

(1) アナログ入力の点数

(2) アナログ入力の形式　例を次に示す。

　(a) 電圧入力

　(b) 差動電圧入力

　(c) 電流入力

(3) 絶縁耐電圧

(4) 入力電圧または入力電流の範囲

(5) 入力インピーダンス

(6) ハードウェアで構成するローパスフィルタの時定数または帯域

(7) ゲイン誤差およびオフセット誤差

(8) A/D変換器を使用する場合は，その分解能とサンプリング間隔

　　備考　より詳細な表は，JIS B 3502を参照。

6.3.3 アナログ出力特性　指定項目の例を次に示す。

(1) アナログ出力の点数

(2) アナログ出力の形式　　例を次に示す。

　　(a) 電圧出力

　　(b) 差動電圧出力

　　(c) 電流出力

(3) 絶縁耐電圧

(4) 出力電圧または出力電流の範囲

(5) 最大負荷

(6) ハードウェアで構成するローパスフィルタの時定数または帯域

(7) ゲイン誤差およびオフセット誤差

(8) D/A変換器を使用する場合はその分解能とサンプリング間隔

　　備考　より詳細な表は，JIS B 3502を参照。

6.3.4 ディジタル入力特性　指定項目の例を次に示す。

(1) ディジタル入力の点数

(2) ディジタル入力の形式　　例を次に示す。

　　(a) リレー入力

　　(b) フォトカプラ入力

(3) 絶縁耐電圧

(4) 制御電圧の定格および種類（交流または直流）

(5) 入力抵抗

(6) 入力の伝達遅れ

6.3.5 ディジタル出力特性　指定項目の例を次に示す。

(1) ディジタル出力の点数

(2) ディジタル出力の形式　　例を次に示す。

　　(a) リレー出力，メーク接点

　　(b) リレー出力，ブレーク接点

　　(c) トランジスタ出力

(3) 絶縁耐電圧

(4) 最大電圧および種類（交流または直流）

(5) 最大電流および種類（交流または直流）

(6) 出力の動作遅れ

(7) 入力から出力までの伝達遅れ

　　備考　より詳細な表は，JIS B 3502 を参照。

6.3.6 伝送リンクの特性　指定項目の例を次に示す。

(1) 伝送リンクの点数

(2) 伝送リンクの形式　例を次に示す。

　(a) 調整および保守のためのリンク

　(b) 自動化システムのためのリンク

(3) 使用されているプロトコル

　(a) 物理的インタフェース

　(b) 電気的インタフェース

　(c) 1秒当たりのビット数で表した最大伝送速度

　(d) データ交換手順

(4) リンクに接続可能な最大ケーブル長

(5) 同一伝送ケーブルまたは伝送バスシステムに接続可能な最大リンク数

7. PDS 主 要 機 器

7.1　システム供給者の位置づけ

システム供給者は，一般的に次を実施する（図 16 参照）。

(1) 購入者との間において，PDS の外部インタフェースについて明確化し，かつ合意を得る（**6.** および **8.** 参照）。

(2) 購入者との間において，PDS の性能仕様および試験の合否基準について明確化し，かつ合意を得る（**6.** および **8.** 参照）。

(3) PDS の主要機器（変圧器，変換器，電動機。**7.2** から **7.4** を参照。）の製造者との間において，各主要機器の仕様および試験の合否基準について明確化し，かつ合意を得る。

(4) 変換装置，被駆動装置，電動機などの専門家間で，必要な協調関係を構築する。

　　被駆動装置供給者は，一般的に機械系全体を担当し，重要な事項（**8.4** 参照）に関しては，システム供給者と被駆動装置供給者との間で直接情報交換することが望ましい。

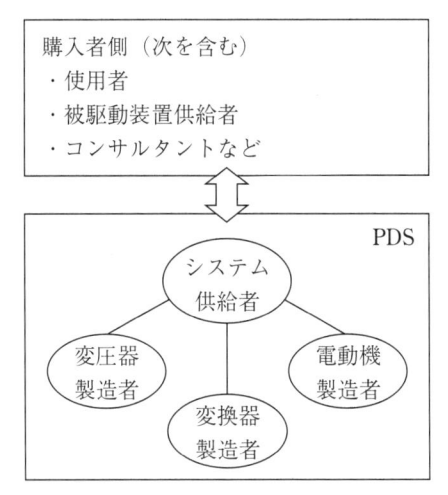

図16 システム供給者の位置づけ

7.2 変圧器（変換装置用）

7.2.1 概要

変圧器は，変換装置の電源（電源系統）端，または変換装置の負荷（電動機）端に用いることがある。次が変圧器を使用する主な目的である。

(1) 電圧の整合

(2) 絶縁

(3) 高調波除去

PDSに適用する標準的な変圧器には，乾式または油入がある。

変圧器の基本定格は，**JEC-2410**または**JEC-2440**による。

PDSの一部として供給される変圧器は，次の要求事項に適合する定格でなければならない。

(1) 定常負荷

(2) 短時間過負荷

可変速モードで運転するPDSでは，変圧器は，定常状態を基準として必要な電力を供給できるように定格を決める必要がある。断続的な過負荷に対しては，皮相電力（kVA）の実効値を計算して，変圧器の負荷とすることができる。

備考 JEC-2410 解説5を参照。

7.2.2 仕様および定格

(1) 高調波電流および電圧　変換器は，高調波電流および電圧を発生させ，この高調波によって接続している変圧器のストレス（熱，絶縁）が増加する。変圧器の設計では，次のことに特に注意する必要がある。

(a) 各巻線の損失の増加

(b) 鉄心の損失の増加

(c) 絶縁要求事項の強化（コモンモード電圧，変換器のスイッチングサージ電圧，およびそれらによる電圧ストレスの増加を含む。）

変圧器と変換器との間に高調波に対する十分なフィルタがある場合，コモンモード電圧が許容できるならば，標準変圧器を適用できることもある。

(2) 巻線配置　JEC-2200の第Ⅰ編8.1に，最も一般的な変圧器の巻線配置および接続記号を規定している。

変圧器の設計および据付のための要求事項（例えば，位相差，巻線配置，インピーダンス）を，明確に指定する必要がある。

(3) 位相オフセット要求事項　多パルスの変換装置による高調波低減の効果は，巻線間の位相変位の精度などに依存する。巻線間の位相変位は，基本波周波数で指定される。基本波での位相変位の誤差は，高調波では非常に大きな位相誤差となる。

例えば，12パルスPDSにおいて，位相変位の相対誤差が$2°$あると，5次高調波では$(5+1) \times 2° = 12°$，7次高調波では$(7-1) \times 2° = 12°$の誤差になる。この場合，電流形変換装置として計算すれば，次の高調波が残留する。

$$\frac{I_5}{I_1} = \frac{1}{5} \times \sin\left(\frac{12°}{2}\right) = 0.021 \qquad (1)$$

$$\frac{I_7}{I_1} = \frac{1}{7} \times \sin\left(\frac{12°}{2}\right) = 0.015 \qquad (2)$$

より高い次数の高調波を除去するために，拡張三角巻線または千鳥巻線によって$15°$位相差の24パルスPDSが用いられる。この場合，11次高調波が最も重要であり，位相変位の相対誤差が$2°$あると，式(1)，(2)よりもさらに大きな影響を与える。

12パルスPDSでは，変圧器巻線の位相変位の相対誤差および変換器の制御システムの位相誤差の合計は，基本波で$2°$未満が望ましい。

(4) 定格銘板要求事項　次の要求事項は，JEC-2200の第Ⅰ編8.3を基にしている。次の情報は，JEC-2200の第Ⅰ編8.3の定格銘板データに追記する。

(a) PDSにおける変圧器の機能を表現する変圧器名称（例えば，変換装置電源用変圧器，変換装置出力用単巻変圧器など）
(b) 入力と出力の相数，または変圧器入力および出力の三相巻線の数
(c) 定格周波数範囲（周波数可変の場合）
(d) 定格電圧範囲（電圧可変の場合）
(e) 接続記号，または巻線間の位相差（単位：度）

7.2.3 インピーダンス

(1) 一　般　入力変圧器のインピーダンスは，高調波エミッションおよび故障電流の要求事項と協調させる必要がある。

(2) 転流リアクタンス　転流リアクタンスは，電源転流変換装置にとっては重要なパラメータである。転流リアクタンスの測定方法は，JEC-2410の5.11.2による。

(3) 自励変換装置でのインピーダンス　自励変換装置では，転流リアクタンスが性能に与える影響は小さい。ただし，変圧器インピーダンスは，高調波電流および事故電流の抑制には重要である。自励変換装置では，標準的な変圧器試験で測定された短絡インピーダンスが適用される。JEC-2200の第Ⅰ編7.4を参照。必要に応じて，特定周波数での短絡インピーダンスを測定することが望ましい。

7.2.4 コモンモード電圧および直流電圧

(1) 一　般　変圧器供給者は，変圧器巻線に異常電圧が印加される可能性がある変換装置の運転状態を特定する必要がある。入力または出力の変圧器に電圧オフセットを印加する変換装置もある。電圧オフセッ

トによって，次の共通の問題が生じる。

(a) コモンモード電圧による電圧ストレスの増加

(b) 直流励磁による鉄心の飽和

(2) コモンモード電圧による電圧ストレス　電圧ストレス増加の最も共通的なメカニズムは，変換器のバルブデバイスが動作することに伴い，変換器に接続されている巻線の中点と接地との間に電位差が発生することである。このコモンモード電圧は，通常のストレスよりも高いストレスを変圧器絶縁に与える。コモンモード電圧は，コモンモード電圧を明示する（推奨）か，または影響を受ける巻線に対して適切な絶縁レベルを示すことによって，変圧器の絶縁レベルの仕様として記載する必要がある。

電圧の速い立上がりおよび電圧反射（電力ケーブルを含む。）による電圧ストレスの増加も同様に，必要な絶縁電圧レベルの仕様として考慮しなければならない場合がある。

(3) 直流成分による鉄心飽和　変換器は，その入力または出力に接続された変圧器の鉄心を飽和させるような電圧または電流を発生する可能性がある。変圧器の設計者は，適切な設計ができるように，変圧器に発生する直流電圧および直流電流の量を把握する必要がある。低磁束密度の鉄心設計およびギャップ付鉄心が必要になる可能性がある。

変換器を直列接続する場合，各変換器の直流オフセット電圧が加算されることを考慮することが望ましい。

7.2.5 個別要求事項

(1) 冷却システム　**JEC-2200** の第Ⅱ編による。

(2) 騒音要求事項　非正弦波の電流および電圧によって，騒音の増加が想定される。発生騒音の抑制，および必要に応じた遮音対策は，変圧器製造者，システム供給者および購入者の間で指定し，合意しなければならない。変圧器の発生騒音の測定方法は，特に指定がない場合，**JEC-2200** の第Ⅴ編による。

(3) 電圧精度　**JEC-2200** の第Ⅰ編による。

(4) 変換器の並列接続　変圧器の二次側に接続された変換器を並列接続する場合は，各二次巻線の，無負荷電圧，位相差，短絡インピーダンスの精度について，特別な注意が必要である。

(5) 一次巻線と二次巻線との間のシールド　容量性結合によって二次側に移行する高い電圧の過渡現象を防止するために，静電シールドを推奨する。このシールドは，変換器が発生する伝導性エミッションを抑制する効果もある。これら両方の理由から，シールドの接地インダクタンスは，小さくする必要がある。

(6) 短絡要求事項　通常負荷に比べ，変換器を負荷として接続された変圧器では，短絡が発生する可能性が高まる。設計者は，変換器の短絡の危険性を理解し，適切な短絡レベルおよび発生頻度に対して変圧器を設計する必要がある。

7.3 変換器およびその制御

7.3.1 対象
本節の対象は，PDS の一部である BDM の性能および要求事項である。BDM は変換部（入力および出力のフィルタを含むこともある。），制御装置，保護装置および補助装置で構成される。

7.3.2 設計要求事項

(1) 保護等級　保護等級はシステム供給者および購入者の間で指定し，合意しなければならない。保護等級の定義は，**JIS C 0920** による。

(2) 腐食環境　汚染度 2 を超える場所で使用される場合，適切な対策によって変換器の環境が非腐食環境

となるようにしなければならない。変換器の設置環境を正圧の清浄空気に保つか，適切な空気清浄装置を用いることが望ましい。

(3) 冷　却

(a) 一　般　　一般的な冷却方式としては，風冷式，水冷式，蒸発冷却式などがある。重要な用途では，冗長性をもたせることを推奨する。変換装置製造者は，動作電圧，動作電流責務を考慮して，適切な冷却システムを設計しなければならない。

(b) 空　冷　　変換器冷却路にある器具などに損傷を与える可能性のある微粒子が冷却空気に含まれる場合，エアフィルタを設置しなければならない。

(c) 液　冷　　液冷式の変換器では，接地への漏れ電流および異なる電位をもつ部品間の漏れ電流を安全で破損しないレベルに抑制するよう，冷却媒体を十分に高い抵抗率にする必要がある。抵抗率を監視し，低抵抗値または極低抵抗値になったときは，警報を出すかまたはトリップさせる。適切な保護のために，流量，貯水レベルおよび水温の監視を強く推奨する。材料の不適切な組合せによる電食電流を抑制するために，特別な注意が必要であり，例えば，同じ冷却路内でアルミと銅とを用いてはならない。

(4) 騒　音　　1 m 点での騒音は，購入者と製造者との間で合意した場合を除き，85 dB (A) 未満にしなければならない。より厳しい特定の法令への準拠に対しては，システム供給者と購入者との間で合意しなければならない。

(5) 電力接続　　すべての電力接続には適切な作業空間が必要であり，機械的ストレスを低減するために支持点が必要である。シールドケーブルを用いる場合，シールドの接地接続点は，電力接続の近くにする必要がある。

(6) 保　護　　変換器の保護は，8.3 による。

主電力端子は，JEC-2410 の 6.1 に従って，明確に記号を付けなければならない。

定格銘板は，JEC-2410 の 6.3 および JEC-2440 の 6.2 による。

精密機器である変換器の輸送および保管については，4.2 および 4.3 による。これらの規定以外については，変換器製造者は，特別な指示書を発行する必要がある。

7.4 電動機

7.4.1 概　要　　システム設計者は，すべての実際の運転状態においてストレスレベルが電動機の耐量を超過しないようにし，各当事者との間で，その検証手順を合意しなければならない。

この規格では，1 kV を超える PDS に用いる最も一般的な交流電動機を取り扱う。そのような電動機には，汎用標準設計と特定用途向き設計とがある。

この適用分野では，多くの種類の電動機が存在する。ほとんどは誘導電動機および同期電動機である。標準的な相数は，三相または六相である。これらのほとんどは，3 の倍数の相数である。

一般的に用いる電動機に対する要求事項は，関連する製品規格で網羅されている。この規格では，PDS の一部として電動機が使用される場合について考慮する。

7.4.2 設計要求事項　　特に指定がない限り，外装は，JIS C 4034-5 による。

特に指定がない限り，冷却システムは JIS C 4034-6 による。

自己換気冷却システムにおける放熱の回転速度依存性や，インバータ駆動電動機運転における高調波損失の増加に，特別な注意が必要である（IEC 60034-17 参照）。

特に指定がない限り，インバータ駆動状態での雰囲気温度および冷却温度，電動機巻線絶縁システムの温度等級ならびに温度上昇は，JIS C 4034-1 による。

7.4.3 性能要求事項　通常の変換装置による運転での特性は，**5.2.2** および **5.4.2** で規定する。

三相電動機の場合，電源側または変圧器二次側への直接バイパス運転が要求されることもある（**3.4** 参照）。三相多重巻線システムでは，電動機部分巻線での運転も考えられる。

バイパス運転での性能および定格条件は，変換装置駆動時のものと異なるため，購入者による明確な規定が必要であり，特に次のような項目がある。

(1) 必要な始動性能

(2) 異なる定格トルク

7.4.4 機械システム構成上の要求事項

(1) 有害な軸電圧および軸受け電流に対する保護　システム供給者と購入者との間で特別な取決めがない場合，電動機の反負荷側は，絶縁軸受けを適用する。

推奨されている接地接続に加え（**8.2.3** 参照），その他の予防策が必要である（**8.2.4**(6)参照）。これらは，特に変換装置によって，コモンモード電圧を含めた電動機電圧に高周波成分が存在するときに必要である。

(2) 騒　音　電動機を変換装置で駆動する場合，商用電源駆動運転に比べて，電動機騒音が増加する（IEC 60034-17 参照）。変換装置駆動の場合，電動機製造者は購入者の要求に応じて，予期される騒音レベルを提示しなければならない。

発生騒音の抑制，および必要に応じた遮音対策は，変換器製造者，システム供給者および購入者の間で指定し，合意しなければならない。特に指定がない限り，電動機騒音の測定方法は JEC-2137 の 12.5 による。

(3) 電動機振動と共振　特に指定がなければ，振動の許容限度値（階級）および測定条件は，JEC-2137 の 12.4 を参照。

これに関連して，被駆動装置製造者，電動機製造者およびシステム供給者の間で，適切な電動機の設置（基礎ならびに一連の機器の配置および連結）に関して明確に規定し，合意しなければならない。機械系全体の共振周波数に対して，特別な注意が必要である（**8.4** 参照）。

(4) トルク脈動およびねじりに対する考慮　トルク脈動は，変換装置駆動の電動機において，電圧および電流の高調波によって電磁気的に発生する。

通常運転中および故障状態において，電動機と被駆動装置とのねじり共振の発生などにより，機械構成要素に対する有害または危険な結果をもたらさないようにする必要がある。

システム供給者は，必要な解析および改善策を明確にして実行する必要があり，設計過程では変換装置，電動機および被駆動装置の専門家との間で緊密な協調がとれるようにする必要がある（**8.4.2** 参照）。

7.4.5 電動機巻線絶縁システムの電圧ストレス

(1) 電圧ストレスの確認　システム設計者は，あらゆる運転状態において，電圧ストレスレベルが絶縁システムの電圧ストレス耐量〔(2)および(3)参照〕を超えないことを確認しなければならない。したがって，システム設計者は，変換装置の回路方式，ケーブルの種類および長さ，その他の要因に依存する電圧反射を考慮して，電動機端子での電圧ストレスを規定する必要がある。電圧ストレスに関連するパラメータとしては，過渡的電圧波高値，立上がり時間，繰返し頻度などがある。

電動機製造者は，システム供給者の仕様に基づいて，電圧ストレスの耐量を確認しなければならない。

電動機の所要耐用年数を確保するためには，変換装置駆動による実際のストレスが，電動機の巻線絶縁システムの繰返し電圧ストレス耐量以下でなければならない［(2)および(3)参照］。

(2) 巻線に印加される電圧ストレスの種類および制限　3種類の電圧ストレスが存在する（図17参照）。

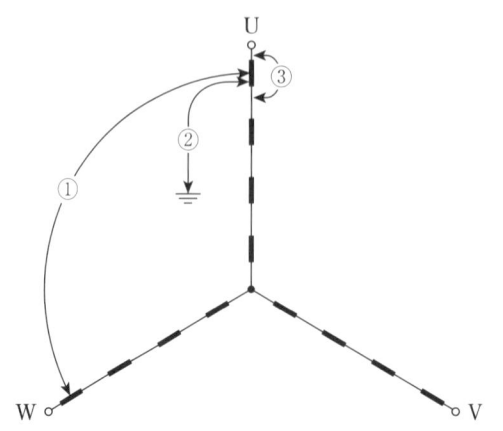

① 線間絶縁に対する電圧ストレス
② 対地絶縁に対する電圧ストレス
③ 巻線端のターン間（層間）絶縁に対する電圧ストレス

図17　巻線に印加される電圧ストレスの種類

一般に電源駆動（正弦波，低周波数）の電動機では，線間絶縁および対地絶縁が最大ストレスになる。巻線ターン間の電圧ストレスは，電源駆動では相対的に小さいが，変換装置駆動電動機の場合は非常に重要で，より注意が必要となる。

変換装置駆動運転では，電動機電圧は非正弦波であり，多くの場合，過渡的電圧ステップの繰返しを伴う。このような電圧ステップは，自励インバータにおけるバルブデバイスのスイッチング，負荷転流形インバータにおける負荷側転流重なりなどによって発生する。比較的長いケーブルを介して電圧形PWMインバータによって電動機を駆動する場合，各過渡電圧ステップによって電動機および変換装置の端子で振動的な電圧オーバシュートを伴う反射が発生することが多い（図18参照）。

T_A は電圧ステップの立上がり時間である（反射現象を含む。）。T_A は，オーバシュートを含めた総過渡電圧 ΔU の10 %から90 %の電圧変化の時間としてIEC 60034-17で規定する（図18参照）。

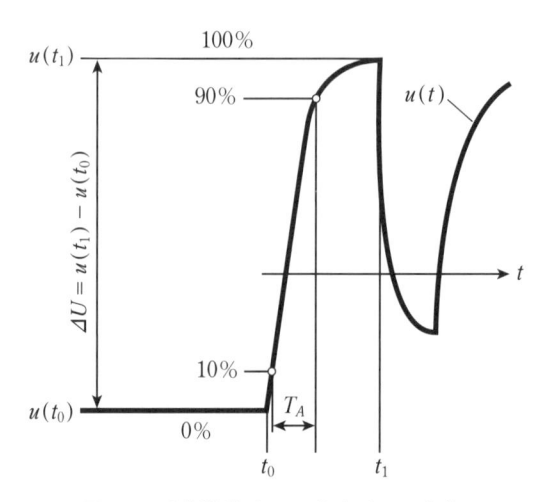

図18　電動機端子での過渡電圧の定義

電動機の耐用年数が絶縁劣化によって減少しないような巻線絶縁システムの繰返し電圧ストレス耐量

は，図 19(a)，(b)および(c)に示す境界線で表すことができる。これらの境界線は，電動機端子での電圧反射を含んだ許容パルス電圧を示している。

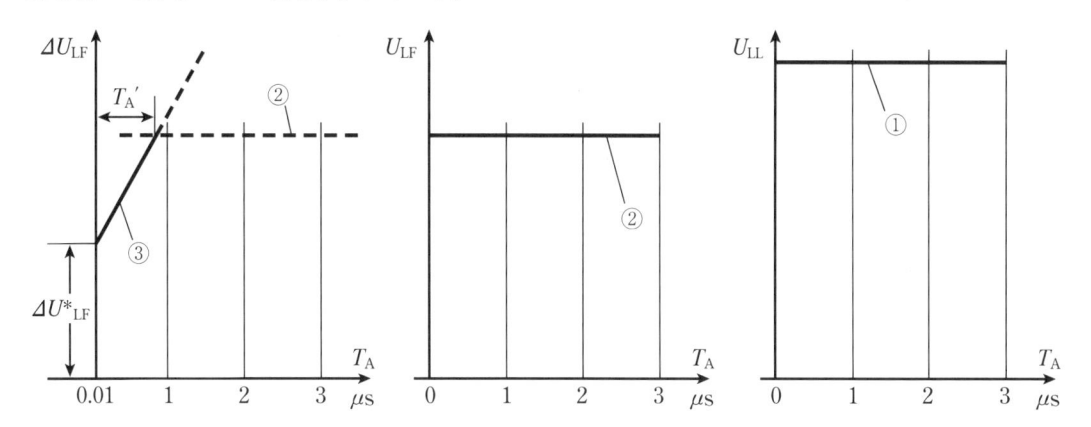

(a) ターン間絶縁と巻線設計によって決められる許容特性
(b) 対地主絶縁によって決められる許容特性
(c) 線間主絶縁によって決められる許容特性

電圧反射およびダンピングを含む。①②③は図 17 および表 7 を参照。

図 19　立上がり時間に対する電動機端子でのパルス電圧の許容範囲

図 19 は，次のことを表す。

(a) 一般的な立上がり時間 $T_A \leq 1\ \mu s$ では，過渡電圧ステップ ΔU_{LF} に対応するターン間絶縁耐量が上限となる［図 19(a)参照］。

(b) 対地絶縁は，図 19(b)に示す対地主絶縁限界耐量が上限となる。

(c) 線間絶縁は，図 19(c)に示す線間主絶縁限界耐量が上限となる。

(3) **通常設計での電動機の標準的な電圧ストレス耐量**　通常の電圧許容変動範囲の電源運転での電圧ストレスに起因するので，高電圧電動機の通常の設計では，少なくとも表 7 の右欄に示す耐量を確保しなければならない。電動機製造者からこれ以上の情報がなければ，これらの式は目安を与えるものであり，最小値に相当する。より高い電圧耐量を要求されることが多い。

表 7　電動機絶縁システムの制約箇所および一般的な電圧ストレス耐量

絶縁システムの制約箇所	関連するピーク電圧値		三相電動機の電圧ストレス耐量
① 主絶縁（線間）	U_{LL}	電動機線間電位差	$U_{LL} = 1.1 U_{Ins} \sqrt{2} \approx 1.6 U_{Ins}$
② 主絶縁（対地）	U_{LF}	対地最大電位差	$U_{LF} = 1.1 U_{Ins} \sqrt{2/3} \approx 0.9 U_{Ins}$
③ 巻線端のターン間（層間）絶縁	ΔU_{LF}	電圧ステップ	ΔU^*_{LF}　最低 3 kV
	T_A	関連するピーク立上がり時間（図 18 参照）	$T_A' \approx 1\ \mu s$（図 19(a)参照）

U_{Ins} は，電動機絶縁システムの定格電圧実効値である。

備考 1.　"絶縁システムの定格電圧" U_{Ins}（表 7 参照）は 2.1.20 の電動機の定格電圧 U_{AN} と必ずしも一致していない。変換装置駆動電動機の場合，$U_{Ins} > U_{AN}$ として絶縁強化した電動機を設計することが多い。

2.　図 19(a)に示すように，ピーク立上がり時間が比較的短い次の範囲では，巻線端のターン間絶縁が許容過渡電圧ステップ ΔU_{LF} を制約する。通常，電源電圧の 3 倍程度とする。

$$0.1\ \mu s \leq T_A \leq 1\ \mu s$$

$T_A > 1\ \mu s$ の範囲では，通常は主絶縁によって制約される［図 19(b)，(c)参照］。

3.　各相のバルブデバイスのスイッチングは異なるタイミングで発生するので，線間電圧および対地電圧の過渡電圧ステップは，$\Delta U_{LL} = \Delta U_{LF}$ となる。

(4) 電動機巻線絶縁システムの機能評価　定格電圧1 000 Vを超える電動機に用いる巻線絶縁システムに対する試験手順は，IEC 60034-18-31による。変換装置駆動運転では，電圧ストレスの増加，および高い周波数での繰返し，高調波による加熱［**10.2.4**(4)参照］，機械振動（**8.4**参照）などのようなストレス要因が増加するため，特別な注意が必要である。

7.4.6 重要データの指定　次の情報は，電動機の標準定格銘板に追加して表記する必要がある。

(1) 定格トルク
(2) 最低速度でのトルク
(3) 定格トルクを出力できる最低の速度
(4) 最低速度
(5) 基底速度
(6) 最高速度

次の追加情報は，適切なシステム設計および電動機据付のために必要であり，例えば製品文書の中で，分離して提出しなければならない。

(1) 回転子の慣性モーメント，ならびに要求がある場合，**7.4.4**(4)および**8.4**に基づくねじり振動計算のための電動機軸剛性
(2) **7.4.5**(3)に基づく絶縁システムの定格電圧 U_{Ins} またはその代わりとなる電圧ストレスに関する情報および耐量
(3) 回転方向および制限事項（ある場合）
(4) 電動機冷却システムの風量および周囲条件
(5) 電動機インピーダンス（要求がある場合）
(6) 据付に必要な寸法
(7) 軸の寸法およびバランス　該当するISO規格またはIEC規格に従うことが望ましく，特に指定がない場合，"ハーフキーバランス"を考慮する。

　　備考　ハーフキーバランスとは，電動機軸の切り込みに半分のキーを挿入してバランス調整を行うことである。

(8) 電動機（回転子，固定子）の質量
(9) 輸送，取扱い，保存の説明書
(10) 安全および保守の説明書

8. PDS構成上の要求事項

8.1 一般条件

8.1.1 概　要　一般的に，PDSは，図**20**に示すように次のサブシステムとそれらの間のインタフェースとから構成されている。

(1) 入力変圧器
(2) 変換器

(3) 制御,保護および補助装置
(4) 電動機
(5) 高調波フィルタ(必要に応じて)

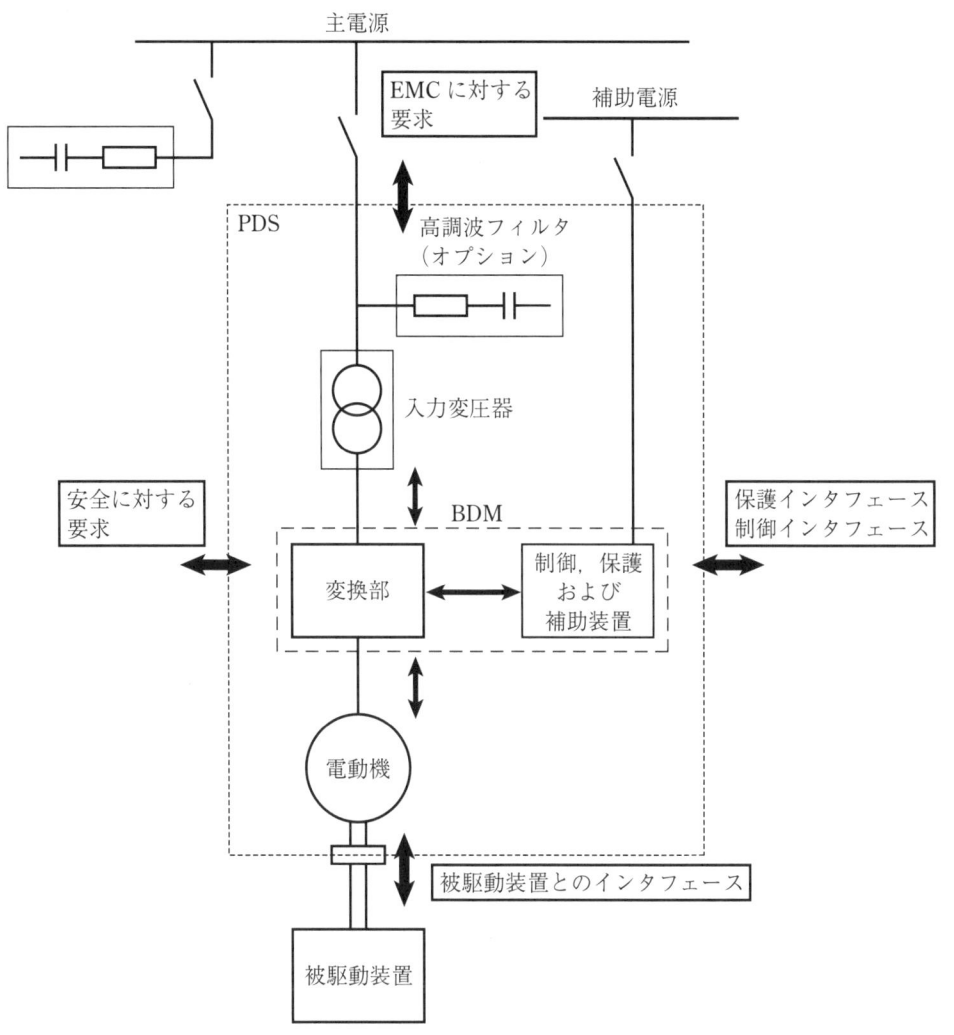

図20 駆動システム(PDS)

8.1.2 駆動要素間の相互関係 幾つかの主要要素からなる PDS を使用場所に設置する場合,PDS 自体を正しく動作させるのに必要な知識とともに,設置環境での相互関係に関する専門的知識が必要になる。電圧が交流 1 000 V を超える PDS に対しては,設置環境との協調,特に次の事項について特別に注意する必要がある。

(1) 主回路電源
(2) 主回路遮断器
(3) 主回路ケーブル
(4) EMC(イミュニティおよびエミッション)
(5) 据付工事
(6) 被駆動装置
(7) 補助電源
(8) 上位プロセス制御

PDS 内で，次の点に関して，異なるサブシステム間のインタフェースおよび相互干渉に特に注意する必要がある。

(1) システムの寸法の決定

(2) 安全要求

(3) 内部要求および IEC 61800-3 に従った EMC 対応

(4) サブシステム間で起こりうる相互干渉

システム供給者は，機器を適切に設置し，配線するために必要な情報のすべてを提供しなければならない。PDS を構成するための一般的な必要事項を，8.1.3 に示す。

8.1.3 システム供給者と購入者との間で取り交わす情報 システム供給者は，PDS の購入者に対して，PDS を代表的なシステムおよびプロセスに正しく設置するために必要な資料を提供しなければならない。購入者およびシステム供給者は，与えられた環境での EMC 要求を満足するために特別な対応が必要な場合には，早い段階で合意しなければならない。

次の情報がシステム供給者に与えられなければならない。

(1) 系統のインピーダンスおよびその構成（既設のコンデンサバンク，フィルタなど）

(2) 高電圧ケーブル長（変圧器－変換器間，変換器－電動機間，など）

(3) EMC 情報（系統電圧および電流の実際のひずみの程度）

(4) 接地に関する条件および仕様

(5) 被駆動装置の情報

(6) 色識別などの地域ごとの規制による安全に関する要求

8.2 電圧 1 000 V を超える機器を組み合わせる場合の注意事項

8.2.1 概　要 PDS の 1 000 V を超える構成要素の相互関係は図 20 を参照。

8.2.2 変圧器の構成 入力変圧器の二次側には，必要に応じて過電圧抑制装置を取り付けなければならない（例えば，アレスタのような過渡エネルギー吸収装置）。

変換装置に給電する入力変圧器の無負荷時に，変圧器一次側遮断器が開路する場合に発生する遮断エネルギーは，変圧器の励磁エネルギー E と相関がある。励磁電流が正弦波であると仮定すると，変圧器の励磁インピーダンスに蓄積されるエネルギーは次の式で計算できる。

$$E = \frac{i_{\mathrm{mpu}}}{4 \times \pi \times f_{\mathrm{LN}}} \times S_{\mathrm{N}}$$

ここで，

i_{mpu}：変圧器の定格電流に対する励磁電流値（p.u.）

f_{LN}：定格周波数（Hz）

S_{N}：変圧器容量（VA）

である。

8.2.3 接地に対する要求

(1) 主要機器の等電位化接続　PDS の接地に対して，次の事項に配慮することが望ましい。

(a) PDS を接地する場所によるコモンモード電圧ストレス

(b) EMC

主要機器の保護接地回路の間の等電位化接続（機器の相互接続）を考慮することが望ましい。多くの場合，地域ごとの規制についても配慮する必要がある。保護接地の方法は，システム供給者と購入者との協定による。これらは，PDS全体を範囲とし，次の事項を含む。

   (a) 変圧器
   (b) BDM
   (c) 電動機

これらに関連する主要な項目の例を次に示す。

   (a) 保護接地導体の材質
   (b) 保護接地導体の断面積
   (c) 等電位化接続の概念

PDSのすべての露出した導電部位は，保護接地導体に接続する。保護接地導体は，等電位化接続されていることが望ましい。

保護接地導体は，IEC 60417の5019で規定する図記号，または緑色および黄色の2色の組合せ，もしくは緑色でアクセス場所から容易に見分けられるようにする。

それぞれの主要機器は，購入者が設けた接地点に接続する。主要機器間を，さらに直接接続することによって等電位化の効果が増す。これは，システム供給者と購入者との間で合意しなければならない。電力ケーブルのシールドを応用した例を図21に示す。

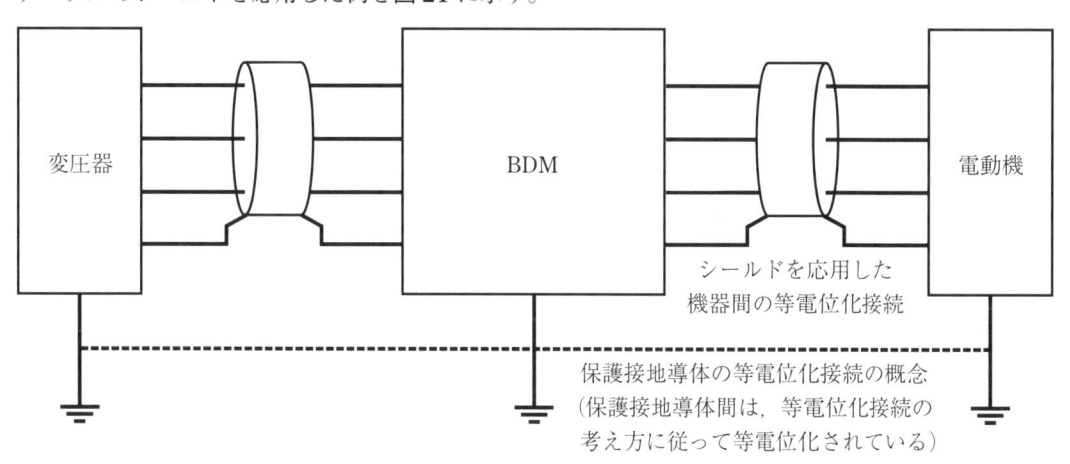

図21　保護接地および主要機器相互接続の例

遮へい物の両端を保護接地導体に接続する場合には，循環電流（多くの場合，磁気的に誘導される）による遮へい物の過熱に注意する。このことは，安全およびEMC（IEC 61800-3参照）についても同様である。

(2) PDSの主回路部分の接地

(a) 接　地　　システム全体で見た場合のPDSの接地は，複数の場所で行う。接地の位置は，システムの特性に応じて選択する。変圧器の中性点，直流母線の中間点，変換装置出力フィルタの中性点，電動機中性点などがある。

接地インピーダンスは，抵抗接地，コンデンサ接地，直接接地などによって異なる。機器は，保護接地導体に接続する。EMC対策のために，PDSの主回路部分の接地に関して，分離された等電位化接続導体を保護接地導体の接続に用いてもよい。

PDSの構成（出力フィルタの有無）とともに，接地の位置および種類によって，絶縁に対するストレスが結果として決まる（**7.2**参照）。

(b) 故障条件　次に関して，システム供給者は，事故状態を考慮した特別な要求を明確にする。

(i) 主要機器間の必要な相互接続とその最小断面積（事故時の大電流を考慮）。

(ii) 電力ケーブルのシールド電流。

(c) 漏れ電流　漏れ電流は，変換器のコモンモード電圧を含む出力電圧に含まれる高周波成分に起因して発生する。また，漏れ電流は，ケーブル，変圧器巻線，電動機巻線と接地との間の漂遊静電容量に依存する。

したがって，変圧器フレーム，電動機フレーム，ケーブル外皮，シールドを，確立された安全な方法に従って接地することが望ましい。

8.2.4 変換器動作による絶縁に対する要求

(1) 特別な制限　PDSの主回路部分の接地点に応じて，機器に印加される接地に対する電圧ストレスが異なる。

電圧立上がり時間が短い場合，および高周波スイッチングの場合には，特別な注意が必要である。これらの場合，一般的に電力ケーブルに電圧反射が発生する。この電圧反射によって，接続されたすべての電力部品に通常以上のストレスがかかる。

システム供給者は，購入者に対し典型的な電圧ストレスについて明確にする。このとき，次を考慮する。

(a) PDS主回路部の接地箇所およびそのインピーダンス

(b) コモンモードの問題

(c) 電圧反射

(d) 故障時の条件

(e) これらは次のようなPDSの主要な主回路部分を対象とする。変圧器巻線，変換器，電力ケーブル，電動機巻線，電動機の軸受けと電動機軸の接地。

(2) 変圧器巻線　変圧器巻線は，計算された電圧ストレス（ピーク電圧，コモンモード，ピーク立上がり時間，パルス周波数，反射）によって決定する。これらのストレスは，PDSの構成とPDSの主回路部分の接地の考え方によって決まる。

これらの値は，PDSシステム設計者が作成する変圧器の仕様に含むことが望ましい。

(3) 変換器　変換器は，計算された電圧ストレス（ピーク電圧，コモンモード，ピーク立上がり時間，パルス周波数，反射）によって決定する。これらのストレスは，PDSの構成とPDSの主回路部分の接地の考え方によって決まる。

定義された電圧ストレスレベルに基づくインパルス耐電圧試験および交流耐電圧試験に対する要求は，**9.2**を参照。

(4) 電力ケーブル　電力ケーブルは計算された電圧ストレス（ピーク電圧，コモンモード，最大上昇時間，パルス周波数，反射）によって決定されなければならない。これらのストレスは，PDSの構成およびPDSの主回路部分の接地の考え方によって決まる。

これらの値は，PDSシステム設計者が作成する電力ケーブルの仕様に含むことが望ましい。

(5) 電動機巻線　**7.4.5**参照。

インバータの出力にフィルタがある場合は，電動機の絶縁に対するストレスが常に **7.4.5**（コモンモード効果を含む。）で規定された制限値以内にあることを前提に設計する。

(6) 軸電圧および電動機軸受け　　**7.4.4**(1)参照。

次のように，追加の絶縁対策が必要になることもある。

(a) すべての軸受けを絶縁するとともに，静電的に蓄積される電荷を放電するために軸を適切に接地することによる，電動機軸のフレームからの完全な絶縁。

(b) 被駆動装置との接続に用いる絶縁カップリング。

インバータの構成によっては，特に電圧PWMインバータの場合には，次のようなフィルタを考えることもできる。

(a) コモンモードフィルタ

(b) dv/dt制限

(c) 正弦波フィルタ

システム供給者は，追加変更が必要な場合には，助言することが望ましい。

8.2.5 PDS内部での電力インタフェースに対する要求　　PDS内部の電力インタフェースは，多様である。変圧器と変換器との間，入力変換器と出力変換器との間の直流リンク母線，または変換器と電動機との間など，異なった形態の電力の接続がある。これらは，電流の高調波成分の影響を含め，電力の伝達として規定する。設計に当たっては，反射，静電結合，磁気結合，放射などを考慮する。

ケーブルは，多相ケーブルを並列に用いることが望ましい。適切なケーブルが利用できない場合には，単心ケーブルを用いてもよいが，並列になったそれぞれのケーブルが多相ケーブルを用いたのと同様の物理配置になっていることが前提となる。

8.3 保護インタフェース

PDSは，必要な保護機能およびシステム構成要素の保護を具備しなければならない。また，PDSは，一般的に高い稼働率が求められる。保護が適切に設計できている場合，PDSの内部および外部に起因する不測の事態から保護できる。表**8**の保護を含むことが望ましい。

表8 PDS保護機能

分類	要素	アラーム	トリップ	備考
電源	停電，欠相	○	○	
	過電圧	○	○	
	低電圧	○	○	
	電圧不平衡	○	○	
フィーダ[2]	過電流		○	
	過負荷	○	○	
変圧器	ガス継電器（ブッフホルツ）	○	○	油入タイプだけ
	温度高	○	○	
	冷却媒体喪失	○	○	
	油面低下	○		油入タイプだけ
変換器	過電流	(○)	○	転流失敗，短絡等
	過負荷	○	(○)	サーマルリレー
	過電圧	○	○	
	地絡	○	(○)	
	冷却故障	○	(○)	
	温度高	○	(○)	
	補機電源喪失	○	○	
	プロセス制御との通信喪失	○	(○)	
	速度フィードバック喪失	○		
電動機	電動機過電圧または不足電圧	○	○	
	電動機過電流	○	○	
	過負荷	○	(○)	サーマルリレー
	過速度	○	○	
	巻線温度高	○	○	
	軸受け温度高	○	○	
	振動大[1]	○	○	
	冷却故障	○	(○)	
	潤滑故障	○	○	

注(1) 振動保護機能は被駆動装置供給者が配慮してもよい。
(2) IPC点での電源系統 [**4.1.1**(2)参照] のインピーダンスおよびPDSの入力インピーダンス（**7.2.3**参照）を考慮する。

備考 （○）：条件付き適用

PDSの保護システム範囲に対する要求は，一般的にPDSの容量とともに増大する。大容量または重要なPDSに対しては，故障時に購入者の助けとなる自己診断システムを備えることが望ましい。

8.4 被駆動装置とのインタフェース

8.4.1 危険速度 システム供給者，購入者および被駆動装置の供給者は，機械配置全体の軸方向の危険速度の計算結果［**7.4.4**(3)参照］および適用される地域ごとの規制について合意することが望ましい。特に，次については，注意することが望ましい。

(1) 軸受け配置および基礎の剛性の影響を考慮する。

(2) 軸方向危険速度の近く（±20％）では，ダンピングが不十分な場合には連続運転を行わない。
能動軸受け（磁気軸受けなど）の場合には，軸方向危険速度で連続運転してもよい。

8.4.2 ねじり解析 ねじり振動解析は，PDSおよび被駆動装置にとって，機械系全体のねじりストレスを

確認するために重要な設計ツールである。特に，例えば，次のような状況に対して有効である。

(1) 始　動
(2) 電動機端子での線間または三相短絡
(3) 変換器で想定される転流失敗によるインパクト
(4) 定常状態でのトルクの高調波成分によるインパクト

電動機の慣性と被駆動装置の慣性との間で共振が発生するおそれがある場合，PDSおよび被駆動装置に対してねじり解析を行うことが望ましい。これに対応する事例として次がある。

(1) 被駆動装置の慣性が電動機の慣性の半分より大きい場合。実際問題として，被駆動装置の慣性が（電動機の慣性に対して）大きくなるに従い，ねじりストレスの危険が大きくなる。
(2) 変換器の転流失敗が，電動機の三相短絡より大きなトルク変動を生じる可能性がある場合。
(3) 電動機の電磁トルク（空げきトルク）に，定常状態または始動時において，低い周波数の成分を含む場合（例えば，100 Hz以下の周波数成分で，定格トルクの1％以上。）。
(4) 大容量（例えば，5 MVA以上）のPDS。
(5) 長い軸接続をもつ場合または機械構成が複雑な場合。

ねじり解析のために，システム供給者は，次を提示する。

(1) 全速度範囲での空げきトルク脈動（高調波成分を含む。）。
(2) 駆動側の，材質に関する情報を含む軸図。

ねじり解析のために，被駆動装置供給者は，次を提示する。

(1) 全速度範囲での負荷トルク（高調波成分を含む。）に関する情報。
(2) 材質に関する情報を含む軸図。

9. 試　験

9.1　試験要領

試験要領および試験に関する要求事項は，契約書類によって合意する。この箇条は，主要機器，すなわち，電動機，変圧器および変換装置の個別試験は，それぞれ対応する規格に従って行う。この規格では，PDS，速度制御，高調波などに関する追加して要求される試験項目の概要を規定する。

形式試験は，通常，1ユニットに対して行う。常規試験は，すべてのユニットに対して行う。同一ユニットの形式試験をすでに実施していた場合，システム供給者は，提案書に試験方案を提示することが望ましい。

組合せ試験のような追加試験（**2.6.4**参照），および受入試験は，契約によって合意する。

10.で規定する効率算定のために行う，個別の機器およびシステムの損失を決定する試験は，契約によって合意しなければならない。

試験は，通常，出荷に先立ってシステム供給者が行う。それ以外の設定の場合は，発注前に合意を得ることが望ましい。

立会試験は，契約で指定する。

立会試験がある場合は，システム供給者は購入者または代理人に，関連する判定基準を含む試験方案を事前に送付し，承認を得なければならない。

9.2 PDS構成機器の個別試験項目

9.2.1 PDS構成機器の標準試験
主な構成機器の標準試験は表9による。

表9 PDS構成機器の標準試験

PDS構成機器	規　　格
フィルタ	JEC-2410
変圧器	JEC-2410またはJEC-2440
電動機	JIS C 4034-1およびIEC 60034-2
変換装置	表10参照
制御装置および保護装置	表10参照

備考1. 高調波フィルタを，設計された使用条件とは異なった条件で試験する場合，共振状態，機器負荷および試験結果が影響を受けることがある。
　　2. 効率および温度上昇を測定する目的で，システムの全負荷ヒートラン試験を行う場合，変圧器および電動機個別の全負荷ヒートラン試験は，省くことができる。

(1) フィルタ

フィルタの形式試験では，可能な場合，フィルタの特性定数が要求をみたしていることを確認する。また，この試験では，現実的であれば，温度レベルとともに，最大電圧および電流のストレスに関して設計基準を満たしているかどうか確認することが望ましい。

備考1. 通常，現地調整時に追加試験が要求される。
　　2. フィルタは，そのプラントで共用されるフィルタとなる場合がある。

機器の温度上昇試験は，可能な場合，実際の高調波電流および電圧ひずみを含む全負荷ヒートラン試験によって測定することが望ましい。**9.3**参照。

(2) 変圧器

JEC-2200で規定する損失分離法に基づいて変圧器の形式試験を行う場合，基本波成分だけしか考慮されないため，実際の高調波成分による損失および温度上昇に対して十分な裕度があることを，計算書を作成して確認する。これらの損失およびこれにより必要となる温度の裕度は，試験に先立って，理論計算する。これらの損失および温度は，定格基本波電流と最大高調波電流ひずみによって計算する。

この試験に矛盾がない場合，JEC-2200で規定するすべての試験は，変換装置用変圧器に対しても適用する。

JEC-2410の5.試験に規定する試験は，変圧器に対する追加試験とみなす。

(3) 電動機

JIS C 4034または**IEC 60034**に基づく電動機の単体試験は，PDSまたは被駆動装置に計画されている運転を保証するものではない。実際に用いる変換装置と同様の特性をもつ変換装置によって電動機を駆動して試験するか，または必要な情報に基づいて，リプルおよび高調波成分を考慮しなければならない。このような場合，システム供給者は，高調波に関するすべての事象をどのように評価するかについて，情報を提供するのが望ましい。例えば，次のような情報である。

(a) ねじり振動解析に必要な，空げきトルク脈動成分および回転子の慣性

(b) 効率算定に必要な追加損失

(c) 総合温度上昇

(d) 騒音増加

　　備考　電動機が，位相差が30°の2組の三相巻線をもっている場合，等価試験方法，試験電圧および試験電流を決めることが望ましい。

電動機の温度上昇試験は，PDSの負荷特性に基づいて，最低速度および定格速度において実施することが望ましい。PDSに定出力運転範囲がある場合は，基底速度および最高速度において測定することが望ましい。この測定結果に基づいて，冷却効果および変調方式による熱損失の増加を考慮した追加測定が必要かどうかを決めなければならない。

9.2.2 変換装置，制御装置および保護装置の標準試験

(1) 概　要　　変換装置，制御装置および保護装置の標準試験の項目を，表10に示す。

表10　構成機器としての変換装置の標準試験

試験項目	形式試験	常規試験	追加試験	規　格
耐電圧試験[1]	○	○		JEC-2410の5.10.2 JEC-2440の5.4.3
軽負荷試験および機能試験[2]	○	○		JEC-2410の5.10.5 JEC-2440の5.4.5
定格電流試験	○			JEC-2410の5.10.6 JEC-2440の5.4.5
過電流耐量試験[3]			○	JEC-2410の5.10.8 JEC-2440の5.4.6
電流分担の確認	○			**9.2.2**(3)(a)
電圧分担の確認	○			**9.2.2**(3)(b)
リプル電圧，リプル電流の測定			○	JEC-2410の5.10.12 JEC-2440の5.4.22
電力損失算定（解説3参照）	○			JEC-2410の5.10.9 JEC-2440の5.4.8
温度上昇試験[4]	○			JEC-2410の5.10.7 JEC-2440の5.4.7
固有電圧変動の測定[5]			○	JEC-2410の5.10.10
補助機器の検証	○	○		JEC-2410の5.10.1 JEC-2440の5.4.2
制御装置試験	○	○		注(2)および**9.2.2**(2)参照
保護装置の検証	○	○		JEC-2410の5.10.4 JEC-2440の5.4.4
騒音の測定（現地調整試験）			○	JEC-2410の5.10.14 JEC-2440の5.4.18
入力総合力率の測定			○	JEC-2410の5.10.11 JEC-2440の5.4.10
付加的な試験			○	JEC-2410の5.10.17 JEC-2440の5.4.24

注(1)　耐電圧試験は，バルブデバイスを短絡して行ってもよい。変換器の製造者は，これらのバルブデバイスの絶縁レベルを個別に確認することが望ましい。

　(2)　軽負荷試験は，指定された容量より小さな電動機を用いて行ってもよい。ただし，電圧および速度ま

たは周波数の範囲は，同一にすることが望ましい。

(3) 変換装置の過電流耐量は，PDSの過負荷耐量を反映する（**5.1.5** 参照）。短時間過負荷耐量の指定値または実負荷での始動手順を考慮して時間間隔を決める。

(4) 温度試験によって，バルブデバイス，およびその他の温度に敏感な部品，例えばコンデンサ，基板類などが適切な裕度をもっていることを証明することが望ましい。バルブデバイスの裕度を立証するため，変換器の製造者は，試験実施に先立ってバルブデバイス接合部温度の理論計算をすることが望ましい。

(5) 他励変換装置の場合だけに適用する。変換器に定格周波数の定格交流電圧を供給する。制御遅れ角を指定の値に設定して直流電流を変化させたときの直流電圧と直流電流とを測定し，電源インピーダンスによる変動分を補正して電圧変動率を算出する。その補正の方法については購入者と製造者との協定による。

(2) **耐電圧試験，機能試験，制御装置試験など**　変換装置の耐電圧試験は，想定される最大過渡電圧および定常スパイク電圧を考慮する。

機能試験には，少なくとも次の項目を含む。

(a) 始動および負荷特性に基づく最低運転速度までの加速。

(b) 何点かの設定速度における安定な運転。可能な場合，定格速度および最高速度を含む。

(c) 運転速度範囲での安定な加減速。

　　備考　試験のために，適切な慣性を付加してもよい。

定格電流および過電流試験は，**9.3**のシステム試験として行うか，または適切な負荷装置がある場合は機器の追加試験として行う。

装置の加減速試験のような制御機能に関する常規試験は，小容量の試験用電動機および適切にスケーリングされた測定機器を用いて行ってもよい。また，制御機能の一部は，軽負荷試験（**9.3.3**(1)または**表10**参照）で検証できる。意味がある場合，電流制限機能も加減速試験と同様に適切なスケーリングで行ってもよい。

制御装置の形式試験は，小容量の電動機を用いて行うことができる。

(3) **保護および関連項目**　保護のための機能常規試験は，適切なスイッチ類を操作することによって，故障要因を模擬して行ってもよい。

システム供給者は，保護機能の形式試験の適切な試験方案を提案する。

(a) **電流分担の確認**　並列接続されたバルブデバイスまたは変換器をPDSに用いている場合，電流分担を確認する。この試験は，定格出力電流において実施する。

　　次のような例がある。

(i) 12パルス構成の整流器

(ii) 並列接続されたインバータ

(iii) 2組の並列巻線をもつ電動機固定子（六相構成）

（部品のばらつき，設計余裕，使用条件などから生じる）最悪条件でも，部品に設計値を超える負担がかかることがないよう，適切に電流を分担させる。設計限度値は，試験開始前に明確にしておく。

(b) **電圧分担の確認**　2個以上のバルブデバイスまたは変換器が直列に接続されている場合，電圧分担を確認する。（部品のばらつき，設計余裕，使用条件などから生じる）最悪条件でも，部品に設計値を超える負担がかかることがないよう，適切に電圧を分担させる。設計限度値は，試験開始前に明確にしておかなければならない。

9.3 PDSのシステム試験

9.3.1 一 般 PDSのシステム試験の項目を表11に示す。特に指定されない限り，システム試験は追加試験であり，契約で合意の上で行う。一部のシステム試験項目によって9.2に記載の試験を代替することができる。

PDSのシステム試験には負荷（実際の被駆動装置，試験用負荷装置，個別の負荷装置など）が必要である。効率測定を行う場合，負荷装置は特性が把握され，調整されたものでなければならない。

PDSが2台ある場合，バックツーバック試験が利用できる（9.3.5参照）。効率算定に関しては，10.を参照。

表11 PDSのシステム試験

試験項目	規 格
軽負荷試験	9.3.3(1)
負荷特性試験	9.3.3(2)
負荷責務試験（間欠負荷試験）	9.3.3(3)
許容負荷電流試験	9.3.3(4)
温度上昇試験	9.3.3(5)
効率の測定	9.3.3(6)および10.
電源電流ひずみの測定	9.3.3(7)
力率の測定	9.3.3(8)
補助機器の確認	9.3.3(9)
保護装置の協調の検証	9.3.3(10)
特殊な使用条件における特性の確認	9.3.3(11)
軸電流または軸絶縁の検証	9.3.3(12)
騒音の測定	9.3.3(13)
トルク脈動の測定	9.3.3(14)
電動機振動の測定	9.3.3(15)
EMC試験	9.3.3(16)
動特性試験	9.3.4
電流制限試験および電流制御試験	9.3.4(1)
速度制御試験	9.3.4(2)
自動再始動および自動再加速の確認	9.3.4(3)

9.3.2 試験準備 測定点は図22による。図22に示す次の値は直接測定するか，または測定値から算出する。

(1) 電圧 U
(2) 電流 I
(3) 速度 N
(4) トルク M
(5) 温度 θ
(6) 有効電力 P，ほか

振動，騒音などを，追加測定する場合もある。

備考 効率を算定する場合，測定器の選定に十分注意する。測定器は，40次までの高調波を含む真の実効値を測定できる帯域をもち，損失を誤差10%以内で算定できる精度をもっていることが望ましい。10.を参照。

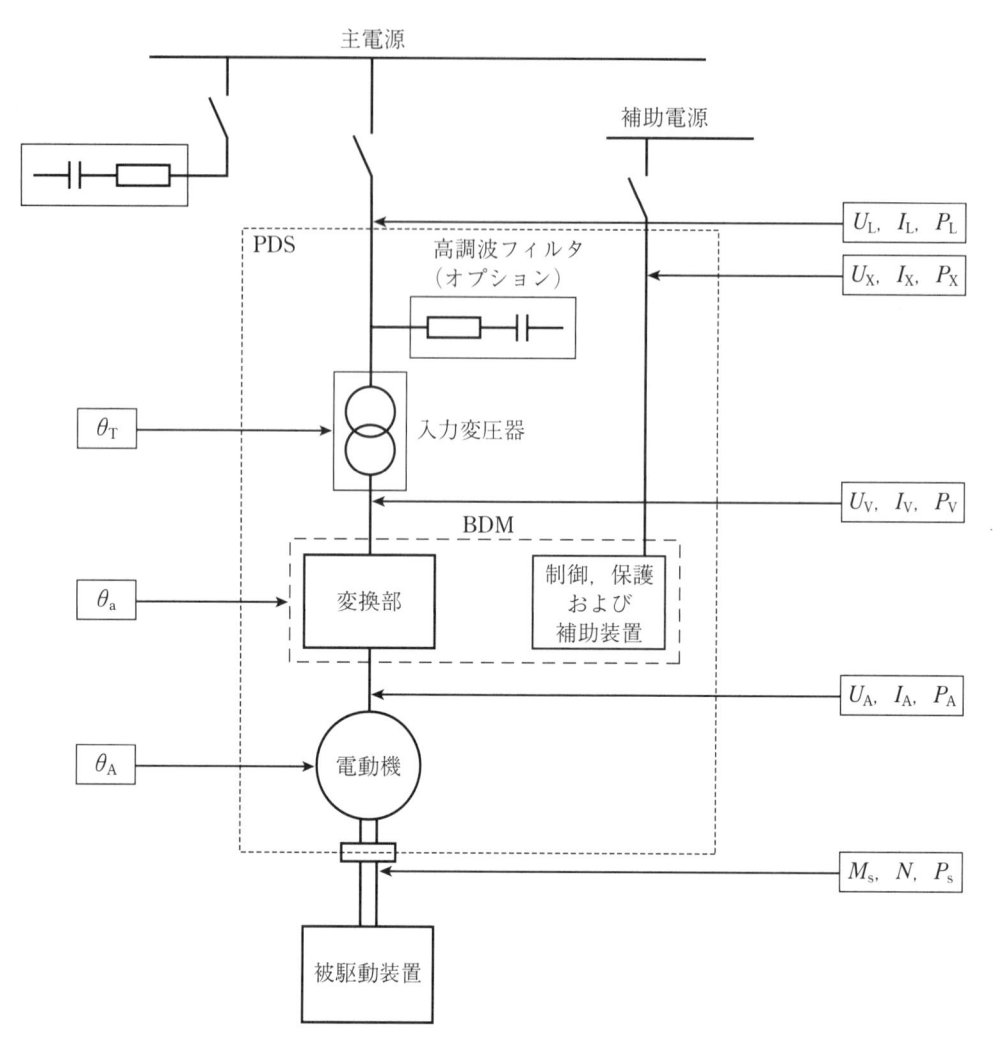

図 22 PDS のシステム試験における代表的な測定点

9.3.3 定常特性試験

(1) **軽負荷試験**　電動機の軸は，制御システムを検証するための試験条件を与えることができる負荷に連結される。システム供給者と購入者との間で合意があれば，無負荷試験が適用できる。

　備考　この場合の負荷は，被駆動装置，または試験を目的とした被駆動装置の模擬装置でよい。

(2) **負荷特性試験**　試験は，図 2 の上限トルクを示す線上の，少なくとも最低速度（N_{min}）および基底速度（N_0）に対応する点で実施する。最高速度（N_M）と基底速度（N_0）とが異なる場合は，最高速度（N_M）および基底速度（N_0）に対応する両点で実施する。次の各データを測定する。

(a) 変圧器入力電圧 U_L，電流 I_L および電力 P_L

(b) 変換器入力電圧 U_V，電流 I_V および電力 P_V

(c) 電動機入力電圧 U_A，電流 I_A および電力 P_A

(d) 主要機器の温度上昇

　備考 1.　この試験の実施場所については，工場内，現地（調整試験中），またはほかの試験場所かを，システム供給者と購入者とで合意しなければならない。

　　　 2.　この試験結果を損失および効率の計算に用いる場合，10. に規定する計算および計測器を用いる。損失計算に用いない場合は，基本波の正弦波に対して十分な精度をもつ計測器でよい。

　　　 3.　負荷は，被駆動装置，負荷装置または同一 PDS のバックツーバック構成のいずれでもよい。

(3) 負荷責務試験　この試験は，購入者によって負荷責務パターンが指定された場合に行う。

電動機は，指定された負荷責務パターンを長時間にわたって与える負荷に連結され，すべての機器の温度上昇値が安定状態で規定値以内であることを検証する。

(4) 許容負荷電流試験　この試験は，電流すなわちトルクの指定された負荷特性に対する余裕（指定された場合）を全運転速度範囲において検証するために行う。この試験は，システム供給者の理論計算に基づいて行い，指定された冷却条件で，温度上昇が合意された限度値以内であることを検証する。

(5) 温度上昇試験　温度上昇試験は，9.3.3(2)負荷特性試験の一部である。温度上昇試験は，指定された測定点すべての温度が安定するまで続ける。

(6) 効率の測定　5.1.4 および 10. を参照。

(7) 電源電流ひずみの測定　この測定は，**JIS C 61000-4-7** に記載された測定器および方法で行う。定格運転条件で行うことが望ましい。少なくとも 40 次までの高調波を測定する。

試験中の電源接続点（PC）における短絡容量を試験方案に記載することが望ましい。

特定のフィルタが PDS のために設計されている場合，試験中，接続することが望ましい。

(8) 力率の測定　この測定は，9.3.3(2)の負荷特性試験の一部として行う。

(9) 補助機器の確認　試験対象外の補助機器の機能について確認する。そのような機器の例として，電動機ファン，潤滑油系統，外部遮断器，外部断路器などがある。

　　備考　便宜上，この確認は，軽負荷試験中に行ってもよい。9.3.3(1)参照。

(10) 保護装置の協調の検証　保護装置の検証は，機器の部品に定格値を超えてストレスを与えない範囲で，可能な限り行う。ストレスを軽減する目的で，保護設定値を低減することが望ましい。

保護機器の種類が多いため，詳細は試験方案で決めることが望ましい。次の事項を含むことが望ましい。

(a) 非常停止機能の検証（実施可能な場合に限る。）

(b) すべての警報およびトリップ機能の試験または模擬　特に次の項目が重要である。

　　(i) 過速度

　　(ii) 過電圧

　　(iii) 過負荷

(c) 速度フィードバック喪失

(d) 地　絡

(e) 電流またはトルク制限機能の試験

(11) 特殊な使用条件における特性の確認　特殊な使用条件とは，主に，関連する装置の規格の規定を超えた温度，湿度，塩分を含んだ空気，標高などの環境条件である。

このような条件は，特殊な設計，定格の読替え，特殊な保護コーティングなどを必要とすることがあり，購入者はその条件を要求仕様に指定しなければならない。対応する手段および試験判定基準は，協定による。

(12) 軸電流または軸絶縁の検証　軸電流対策または軸絶縁の検証方法は，システム供給者と購入者との間の協定によることが望ましい。

(13) 騒音の測定　試験は，**ISO 1680** および **IEC 60034-9** に従って行う。

備考　PDSの騒音レベルが低い場合，騒音測定に際して外部騒音を遮へいする覆いが必要となる場合がある。

(14) **トルク脈動の測定**　特定のPDSで発生する空げきトルク脈動は，あらかじめ慣性がわかっている適切な負荷およびPDSを機械的に連結し，その連結軸に取り付けたトルク検出装置で測定することが理想である。その結果によって空げきトルク脈動を算出することができる。空げきトルク脈動の相対レベルは，十分な感度および応答をもつ測定装置が使用できれば，無負荷状態で速度および電流を測定することによって算出してよい。

(15) **電動機振動の測定**　振動試験は，IEC 60034-14に従って，9.3.3(2)の負荷特性試験と同じ負荷条件で行う。

(16) **EMC試験**　EMC試験は，IEC 61800-3による。

9.3.4 動特性試験

(1) **電流制限試験および電流制御試験**　この試験は，変換装置またはPDSの動特性を，被駆動装置とは独立に調べるものである。

変換器の電流があらかじめ設定された制限値に達するように，負荷の増加または速度基準のステップ変化を与える。電流の立上がり時間，オーバシュート量，期間およびダンピング特性を要求に応じて分析できる。

ループの帯域幅および周波数解析によって，電流基準と電流測定値（フィードバック）との間の応答を確認してよい。

この試験は，9.3.3(2)の負荷特性試験の測定点と同じ速度で行うことが望ましい。

(2) **速度制御試験**　速度指令応答を測定するには，無負荷または軽負荷において，電流制限機能を動作させないように，速度指令のステップ幅を適切に選ぶ。

負荷に対する速度応答を測定するには，電流制限機能を動作させない範囲の小さな負荷ステップを与える。

この試験は，9.3.3(2)の負荷特性試験の測定点と同じ速度で行うことが望ましい。

(3) **自動再始動および自動再加速の確認**　購入者が指定する場合，この機能を確認する。

9.3.5 バックツーバック試験
バックツーバック試験は，適切な特性をもつ第二のPDSを必要とする[3]。バックツーバック試験において，一方のPDSは電動機を力行運転し，他方は電動機を発電機として回生運転する。バックツーバック試験の試験回路を図23に示す。

注(3)　第二のPDSは，回生運転が可能なものとする。

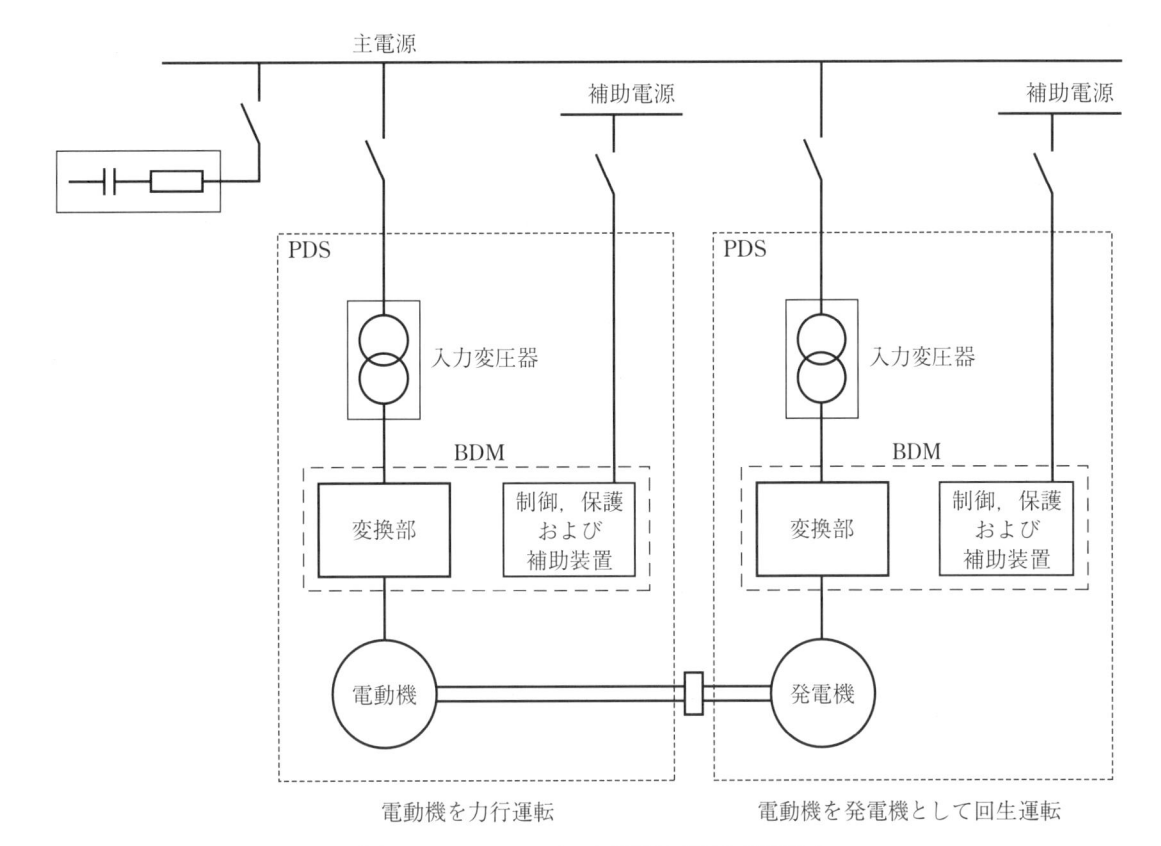

図 23 バックツーバック試験負荷回生試験構成

9.3.6 零力率試験 零力率試験では，機械的負荷なしに，変換装置が零力率の状態で，定格電流または過負荷電流を同期電動機に供給する。システム供給者と購入者との協定に基づき，実際の負荷試験に代わって，零力率試験を行ってもよい。ただし，電流形変換器と電圧形変換器とでは代替できる試験の範囲が異なる。

10. 効率決定

10.1 一般

PDS の総合効率を決定する方法として，損失分離法および全負荷試験法の 2 種類がある。損失分離法は，理想的な正弦波形の基本波を想定して，関連規格（表 9 参照）に基づいてそれぞれの機器の損失を各種損失の和として決定し，これに非正弦波電圧波形および非正弦波電流波形に起因する損失分を追加する方法である。PDS の全損失は，個々の機器の損失の合計として表す。

全負荷試験法は，意図した運転条件における，システムの真の損失を決定することができる。全負荷試験法には次の 2 種類がある。

(1) 入力および出力を直接測定することによる損失決定

この方法では，システム（または，必要な場合，構成機器個別）の入力および出力を電力として高精度で測定することが必要である。出力は，調整された負荷装置を用いて測定する（**10.3** 参照）。

(2) 損失自体の直接測定

この損失測定は，可能であればバックツーバック試験（**9.3.5**参照），または損失熱量を測定する試験によって行うことができる。

(2)の方法は，損失を直接測定するので，より正確な測定結果を得ることができる。高効率のシステムに対しては，この方法を適用することが望ましい。

システム供給者および購入者は，どちらの方法を採用するか，および負荷曲線上の測定点について契約で合意しなければならない。

PDS全体および構成機器個別の一般的な効率の計算式は，次による。

$$\eta = \frac{P_{\text{out}}}{P_{\text{in}}} \times 100 \ (\%)$$

$$\eta = \frac{P_{\text{in}} - P_{\text{loss}}}{P_{\text{in}}} \times 100 \ (\%)$$

$$\eta = \frac{P_{\text{out}}}{P_{\text{out}} + P_{\text{loss}}} \times 100 \ (\%)$$

ここに，η ：効率
P_{out} ：出力
P_{in} ：入力
P_{loss} ：損失

どの式を選択するかは，測定可能な箇所によって決定する。一般的には，2番目および3番目の式に基づいて個別の損失を決定する方法によって，より高い精度が得られる。この場合，ケーブルはシステム供給者の所掌範囲でないことが多いため，通常はケーブル損失を考慮しない。図**24**は，PDSハードウェア構成および各種効率の定義を示す。

備考　測定器の選定には，十分に注意することが望ましい。測定器は，40次までの高調波を含む十分広い帯域で正しい実効値を測定できること，また，損失決定においては，各主要構成要素個別では10％以下，全体では7％以下の許容誤差であることが望ましい。

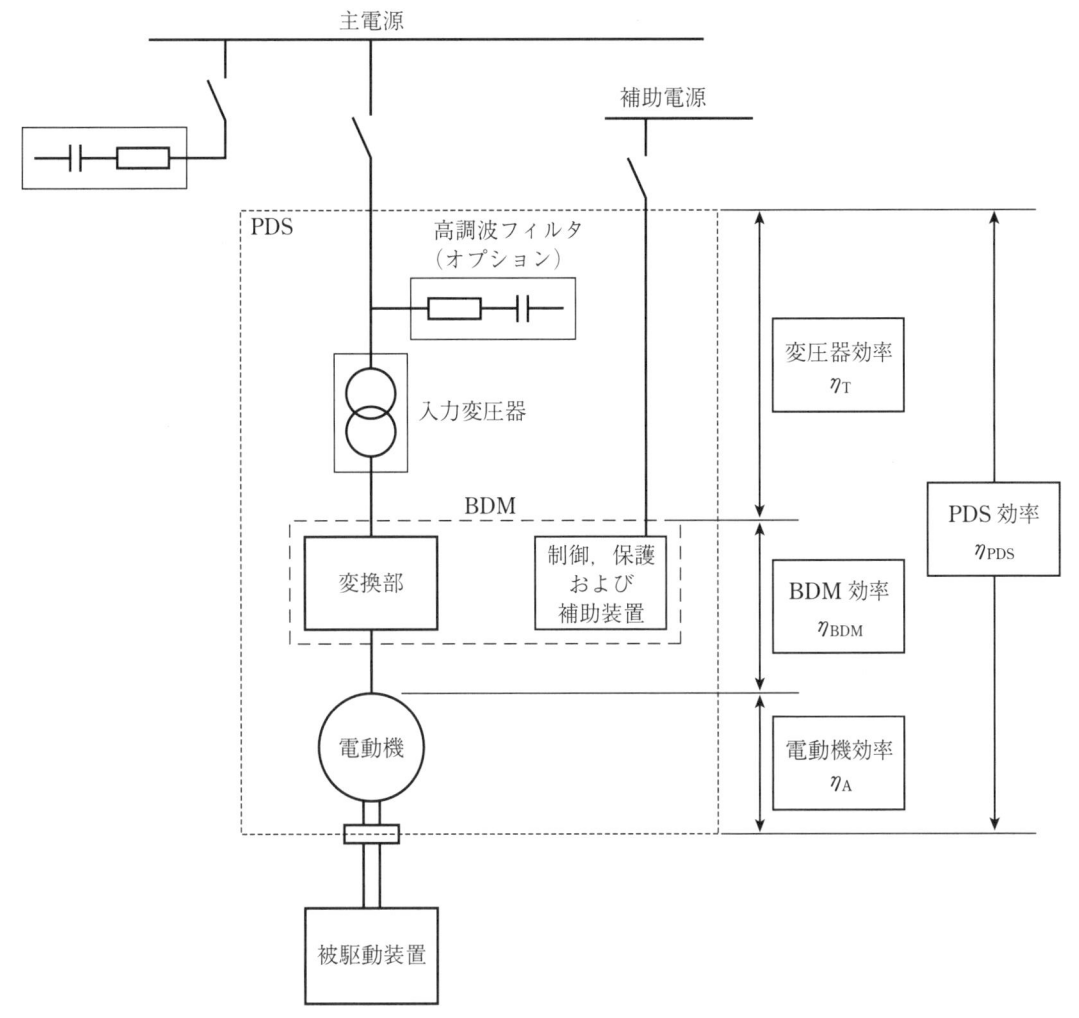

図24 PDSの各種効率

PDS構成機器個別の効率の定義は，次による。

(1) 変圧器効率　　PDSの入力端から変換器の入力端子まで。**10.2.2** 参照。
(2) BDM効率　　**2.1.6** および **10.2.3** 参照。
(3) 電動機効率　　入力端子から機械出力まで。**10.2.4** 参照。
(4) PDS効率　　**2.1.5** 参照。

10.2 損失分離法

10.2.1 一般　PDSの個別構成機器，変圧器，リアクトル，電動機および変換装置の損失算定については，各該当規格を適用する。さらに，製造者は，非正弦波電圧および電流波形に起因する損失増加分を算出する。損失分離法を用いる場合は，類似の設計および定格の機器を実測することによって確認することが望ましい。

設計上，時間上などの理由によって実証された計算方法を用いることができない場合のために，**10.2.2** に高調波による損失増加分を求める経験式を示す。電流および電圧の高調波による損失増加分は，基本波損失に対する固定係数として与えられる。これらの係数は，より信頼できるデータが入手できない場合に限って用いる。

備考　この方法によって算定した損失は，やむを得ない場合において効率計算だけに用い，温度上昇の算定には用

いない方がよい。

10.2.2 変圧器損失　変換装置用変圧器に対する特殊要求事項は，JEC-2410 または JEC-2440 による。これらの規格は，JEC-2200 の油冷変圧器および直接風冷変圧器を参照している。基本波成分による鉄損，銅損，対応する漂遊損および補機の損失は，JEC-2200 を参照して決定する。

　ダイオードまたはサイリスタブリッジの入力変圧器に関する高調波損失は，特別な合意がない限り，次のように仮定することが望ましい。変圧器の電圧ひずみは，電流ひずみに比べて小さい。したがって，損失の増加は主に巻線で発生し，これらの巻線の設計に強く依存する。増加する高調波損失 $P_{h.1}$ は，次のように算出する。

$$P_{h.1} = k_1 \times P_{Cu.1}$$

　ここに，$k_1 = 0.3$：巻線の電流波形が 6 パルスまたはそれ以下のとき

　　　　　$k_1 = 0.2$：巻線の電流波形が 12 パルスまたはそれ以上のとき

　　　　　$P_{Cu.1}$：変圧器巻線の基本波成分銅損

　この係数は，漂遊損失の増加分を含む。変圧器を最適設計することで，この値は十分低くすることができる。変圧器の損失合計 P_{total} は，次の式で表す。

$$P_{total} = P_1 + P_{h.1} + P_x$$

　ここに，P_1：JEC-2410 による基本波損失

　　　　　P_x：補機の損失（ある場合）

10.2.3 BDM 損失

(1)　**一　般**　BDM の変換部は，一般的に 6 または 12 パルスの電源転流方式の整流器，直流リンクおよび出力のインバータによって構成される。インバータは，負荷転流方式の電流形か，またはパルス幅変調（PWM）方式の電圧形である。

　BDM の損失は，一般的に次の要素によって構成される。

　(a) バルブデバイスのオン損失（**解説 3 参照**）

　(b) バルブデバイスのスイッチング損失（**解説 3 参照**）

　(c) スナバ損失（**解説 3 参照**）

　(d) 変換装置フィルタ

　(e) 補助的な損失

　(f) 制御装置，保護装置などの電源

　(g) 冷却用ファンおよび冷却用ポンプ

　損失の成分と算出は，JEC-2410 または JEC-2440 による。さらに，**解説 3** にバルブデバイスおよびスナバの損失計算法を示す。

(2)　**整流器**　損失は，定格負荷（基準負荷）およびその状態における制御角において算出する。また，最大負荷が定格負荷と異なる場合には，それに対応する制御角においても算出する。

(3)　**インバータ**　インバータが負荷転流の場合，主な損失は整流器と同じであり，各要素は JEC-2410 による。損失は，定格負荷（基準負荷）およびその状態における制御角において算出する。また，最大負荷が定格負荷と異なる場合には，それに対応する制御角においても算出する。

　自励インバータは，JEC-2440 で規定する。

損失は，定格負荷（基準負荷）およびその状態におけるPWMパターンにおいて算出する。また，最大負荷が定格負荷と異なる場合には，それに対応するPWMパターンにおいても算出する。

(4) 直流リンクリアクトル　リアクトルの仕様は，JEC-2410またはJEC-2440による。

高調波成分を含む損失は，実績で確認された手法によって算定することが望ましい。そのような手法が採れない場合は，次の係数を採用することができる。

定格直流リンク電流 I において，リプルによる損失増加分は，次の式で算出する

$$P_{h.2} = k_2 \times I^2 \times R_{d.c.}$$

ここに，$k_2 = 0.10$：空心の場合

$k_2 = 0.15$：鉄心の場合

$R_{d.c.}$：直流電流の銅損に相当する抵抗分

この式は，電流形インバータのリアクトルおよび電圧形インバータのリアクトルに適用可能である。

(5) 直流リンクコンデンサ　コンデンサの損失は，通常無視できる。

(6) 他の損失　補助回路，保護装置，冷却用機器などに関する損失は，個別に算出する。

10.2.4　電動機損失

(1) 一般　同期電動機についてはJEC-2130，誘導電動機についてはJEC-2137に，損失の算出方法を規定する。

同期電動機に対して最適な方法は，被試験電動機を基準となる電動機によって駆動することである。誘導電動機に対して最適な方法は，被試験電動機を電圧・周波数が調整可能な正弦波電圧源によって試験することである。ただし，電圧だけを調整可能であり，周波数は変えられない場合，供給電源周波数で決まる一つの速度だけで効率測定する。

それぞれの方法について，次のような損失成分を個別に測定できる。

(a) 摩擦損および風損

(b) 鉄　損

(c) 固定子巻線損失（I^2R損失）

(d) 二次抵抗損

界磁損失，ならびに潤滑油ポンプおよび独立した換気装置のような補助的損失も測定して含める。

(2) 1巻線電動機　純正弦波電圧および電流を供給して運転される電動機の効率算定方法は，IEC 60034-2による。さらに，高調波損失を考慮した効率算定の暫定的手法は，IEC 60034-2の附属書Aに含まれている。

(3) 2巻線電動機　二つの三相巻線間の位相差が零の場合，試験時に巻線を並列接続することができ，1巻線電動機と同等である。

三相巻線間に位相差がある場合で，かつ，どちらの巻線端も直列接続することができない構成の場合，位相差をもって電圧・周波数を調整可能な2電源が必要である。これができない場合は，誘導機の試験は困難である。

同期機の場合は，1巻線と同等である。ただし，短絡電流測定時は，二つの三相巻線は，それぞれ短絡しておくことが望ましい。

(4) 高調波損失　特別な合意がない限り，高調波損失の算定は，次の仮定に基づいて行うことが望ましい。

変圧器と同様のやり方で，電動機の高調波損失の増加は，主として巻線（電動機の固定子および回転子巻線）で発生する。

誘導電動機の高調波損失の増加分 $P_{h,3}$ は，次のように計算する。

$$P_{h,3} = m \times k_3 \times I_1^2 \times R_{M,1}$$

ここに，m：相数

I_1：固定子電流の基本波周波数成分

電流波形が台形波の場合は，次の係数を用いる。

$k_3 = 0.15$：三相巻線の場合

$k_3 = 0.10$：六相巻線の場合

電圧形変換装置から給電される誘導電動機については非常に複雑であり，変調方法，パルスパターンおよび電動機設計，特にかご形回転子の設計に依存する。最悪値として次の係数を用いる。

$k_3 = 0.10$：正弦波 PWM で定格速度の 80 % 以下の領域の場合，または 3 レベル変換装置を採用する場合

$k_3 = 0.20$：正弦波 PWM で定格速度の 80 % 以上の領域で，かつ，基本波 1 周期中に少なくとも 6 個のパルスがある場合

$k_3 = 0.30$：PWM を行わない高速運転領域，すなわち 6 ステップ運転の場合

電圧形変換装置の場合，電流高調波成分は負荷にあまり影響されないため，$P_{h,3}$ で与えられた式の適用は，定格電流（I_{N1}）に対してだけ有効である。

上式において，$R_{M,1}$ は基本周波数における固定子巻線 1 相当たりの固定子抵抗（$R_{S,1}$）および回転子抵抗（$R'_{R,1}$）の和である。

$$R_{M,1} = R_{S,1} + R'_{R,1}$$

係数 k_3 は，高調波増加分および漂遊負荷損を考慮に入れている。

固定子側に換算した回転子の 1 相当たりの抵抗値は，回転子を拘束し，定格電流において短絡回路の損失を測定して求める。m 相の誘導電動機に対して固定子損失を用いて，次のように計算する。

$$R'_{R,1} = \frac{P_{SC} - m \times I_N^2 \times R_{S,1}}{m \times I_N^2}$$

ここに，P_{SC}：拘束試験時の入力電力

I_N：定格固定子電流

10.3 全負荷システム試験

10.3.1 一　般　原理的に全負荷システム試験が実際のシステムの損失，すなわち効率を得る唯一の方法である。これは，個々の機器について実際の温度上昇を測定する唯一の方法でもある。

この方法は，少なくとも駆動電動機と同等以上の出力負荷を吸収する装置を必要とする。軸出力は，軸の回転速度およびトルクにより測定するか，調整された負荷装置により測定することが必要である。2 台同一で回生運転可能な駆動装置が利用できる場合，バックツーバック試験を採用することが望ましい。

試験機器構成，シンボル，測定点を図 22 に示す。個々の装置の損失は，入力と出力との差によって直接測定することができる。

$$P_{loss} = \sum(P_{in} - P_{out}) = (P_L - P_V) + (P_V - P_A) + (P_A - P_S) + P_X$$

取り扱う電力に対して損失は小さいので，右辺に示すように，主要構成機器について個別に測定することで，より高精度の結果が得られる。測定器の精度は非常に高いことが必要で，高調波 40 次までの帯域幅と，一般的には 0.02 % 以上の精度をもつことが望ましい。詳しくは，**IEC 60034-2** の Amendment 2 参照。

10.3.2 変圧器損失 変圧器損失は，直接測定する損失に加えて，補機があれば，強制冷却用ファンまたはポンプの補助的な損失も含む。その他の補助的な損失，例えば構造物および外部の覆いの漂遊損失は，P_L に含まれている。

変圧器効率は，次の式による。

$$\eta_T = \frac{P_V}{P_L + P_{Aux,1}}$$

フィルタがある場合，その損失は個別に測定することが望ましく，変圧器損失の一部に含めない方がよい。

10.3.3 BDM 損失 変換部を直接測定する際に含まれていない補助的な損失には，次のものがある。

(1) 外部から電力を供給する冷却ファンおよびポンプ
(2) 主回路以外から供給される電力

BDM 効率は，次の式で表す。

$$\eta_{BDM} = \frac{P_A}{P_V + P_{Aux,2}}$$

10.3.4 電動機損失 直接測定する際に含まれていない補助的な損失には，次のものがある。

(1) 外部から電力を供給する冷却ファン
(2) 外部から電力を供給する二次冷却媒体用ポンプ
(3) 励磁システムの電力
(4) 外部の潤滑油ポンプ

> 備考　潤滑油ポンプおよびポンプ用電動機の損失，ならびに外部配管損失だけを考慮し，これ以外の潤滑油ポンプの仕事は，主電動機の軸受け損失に算入することが望ましい。

バックツーバック構成を用いる場合は，軸動力 P_s を，直接測定することができない。2 台の同一仕様の回転機を用意し，1 台は電動機として運転し，他の 1 台は発電機として運転し，その電圧，電流および力率をできるだけ同一値（通常は定格値）に，近付けるように調整する。電動機入力 P_A と発電機出力 $P_A{'}$ の差として得られる損失の半分を，駆動電動機の主回路損失とみなす。

$$P_{loss,3} = \frac{1}{2}(P_A - P_A{'})$$

電動機効率は，次の式で表す。

$$\eta_A = \frac{P_s}{P_A + P_{X,3}} = \frac{P_A - P_{loss,3}}{P_A + P_{Aux,3}}$$

10.3.5 高調波フィルタ 高調波フィルタが PDS と一体となって構成されている場合，例えば変圧器の二次側に接続される場合や，変圧器の別巻線に接続されている場合，フィルタ損失は，変圧器損失の一部として測定する。これらの損失は，個別に測定することによって分離できる場合がある。

フィルタが変圧器の一次側に設置されている場合は，その損失は，個別に測定する必要がある。

10.3.6 PDS の総合効率 PDS の総合効率は，次の式による。

$$\eta_{\text{PDS}} = \frac{P_{\text{s}}}{P_{\text{L}} + \Sigma P_{\text{Aux}}} = \frac{P_{\text{A}} - P_{\text{loss},3}}{P_{\text{L}} + \Sigma P_{\text{Aux}}}$$

備考 1. この全負荷試験は電気的な測定だけを利用して実施する場合について説明している。これらの測定の一部を損失熱量を測定する試験に置きかえる場合は，機器のきょう体から周囲への放射および伝導によるわずかな熱伝達も考慮する必要がある。

2. この測定の手順を計画，準備するときは，すべての補助的な損失が重複なく含まれることを確認する。

解　　　　説

解説 1　広く用いられる駆動システムの構成

1. 目　的

　この解説の目的は，広く用いられている駆動システムの構成を，単純なブロック図で示すことである。一般的な事項については，本文 3. に準拠する。オプションとして，ここで説明するものとは別の種類のフィルタ，変圧器，回生ユニットなどを追加する場合もある。

　単純化したブロック図では，制御信号でターンオフ可能なバルブデバイスを，通常のスイッチの図記号を用いて表現する。スイッチに逆並列ダイオードがない図記号は，このバルブデバイスが逆阻止能力をもつことを示す。

2. 間接変換装置による駆動システムの構成

2.1　負荷転流形インバータ（LCI）による同期電動機駆動システム

　PDS の基本構成を解説 1 図 1 に示す。

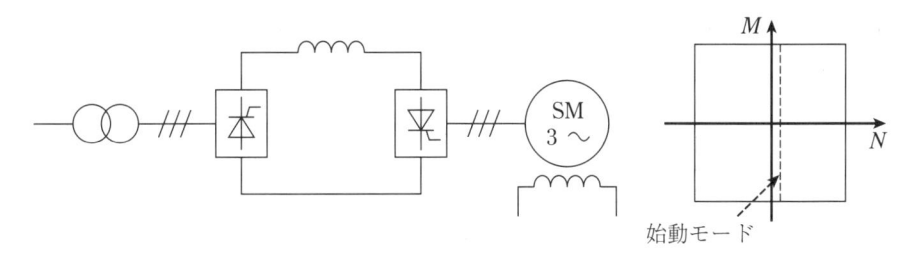

解説 1 図 1　LCI による同期電動機駆動システムの基本構成およびトルク－速度特性

この PDS の主回路は，次の機器で構成されている。

(1) 電源側の他励変換器
(2) 電動機側の他励変換器
(3) 直流リンクリアクトル
(4) 同期電動機
(5) 電動機界磁の励磁装置

この PDS は，一般的に次の特性をもっている。

(1) 4 象限運転
(2) 最低速度以下（始動時）では，トルクが断続する
(3) 低速度運転時には，電源側力率が低い

2.2　補助転流機能をもつ電流形インバータによる誘導電動機駆動システム

　PDS の基本構成を解説 1 図 2 に示す。

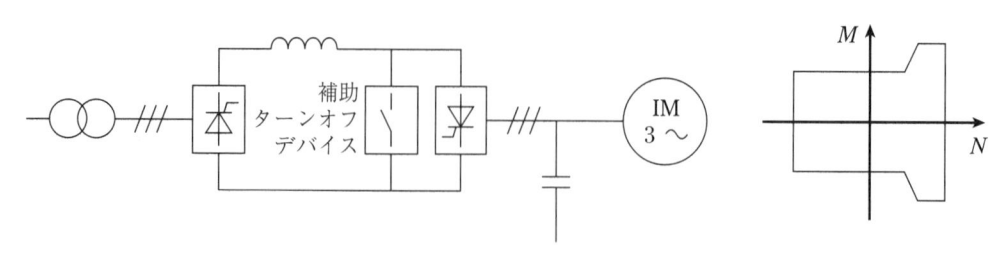

解説1図2　補助転流機能をもつ電流形インバータによる誘導電動機駆動システムの基本構成およびトルク-速度特性

このPDSの主回路は，次の機器で構成されている。

(1) 電源側の他励変換器
(2) 電動機側の他励変換器
(3) 直流リンクリアクトル
(4) 共通の補助ターンオフデバイス
(5) 電動機側コンデンサ
(6) 誘導電動機

このPDSは，一般的に次の特性をもっている。

(1) 2象限運転
(2) 適切な出力フィルタによって，電動機トルクリプルが低減する
(3) 低速度運転時は，電源側力率が低い

2.3 電流形自励インバータ（CSI）による誘導電動機駆動システム

PDSの基本構成を解説1図3に示す。

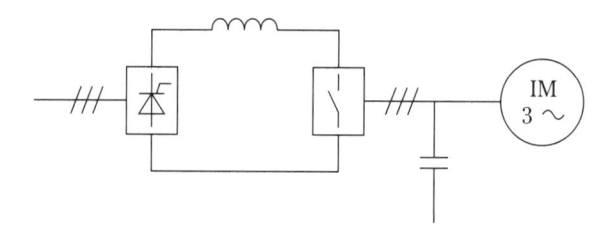

解説1図3　電流形自励インバータによる誘導電動機駆動システムの基本構成

このPDSの主回路は，次の機器で構成されている。

(1) 電源側の他励変換器
(2) 電動機側の自励変換器
(3) 直流リンクリアクトル
(4) 電動機側コンデンサ
(5) 誘導電動機

このPDSは，一般的に次の特性をもっている。

(1) 4象限運転
(2) 低い電動機トルクリプル（PWM制御を採用している場合は，無視できる）
(3) 低速度運転時は，電源側力率が低い

2.4 電流形自励インバータおよび電流形自励整流器による誘導電動機駆動システム

PDSの基本構成を解説1図4に示す。

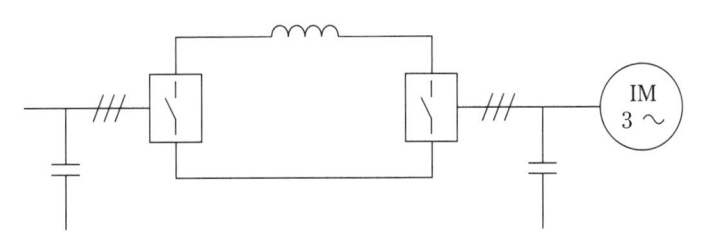

解説1図4　電流形自励インバータおよび電流形自励整流器による誘導電動機駆動システムの基本構成

このPDSの主回路は，次の機器で構成されている。

(1) 電源側の自励変換器
(2) 電動機側の自励変換器
(3) 直流リンクリアクトル
(4) 電源側コンデンサ
(5) 電動機側コンデンサ
(6) 誘導電動機

このPDSは，一般的に次の特性をもっている。

(1) 4象限運転
(2) 低い電動機トルクリプル（PWM制御を採用している場合は，無視できる）
(3) ほぼ100％の電源側力率
(4) 電源側コンデンサによる電源側高調波の低減

2.5 電圧形インバータ（VSI）による同期電動機または誘導電動機駆動システム

PDSの基本構成を解説1図5に示す。

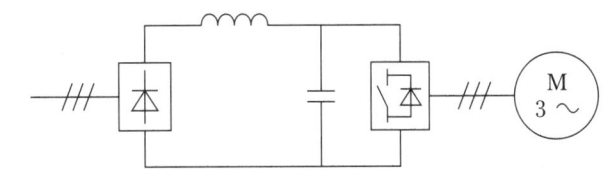

解説1図5　電圧形インバータによる駆動システムの基本構成

このPDSの主回路は，次の機器で構成されている。

(1) 電源側のダイオード整流器
(2) 電動機側の自励変換器
(3) 直流リンクリアクトル（必要に応じて）
(4) 直流リンクコンデンサ
(5) 同期電動機または誘導電動機
(6) 同期電動機を用いる場合，励磁装置

このPDSは，一般的に次の特性をもっている。

(1) 2象限運転（電源側に回生可能な変換器を用いる場合は，4象限運転可能）
(2) PWM制御による低い電動機トルクリプル
(3) 高い電源側力率

2.6 電圧形3レベルインバータによる同期電動機または誘導電動機駆動システム

PDS の基本構成を解説 1 図 6 に，3 レベルインバータの構成を解説 1 図 7 に示す。

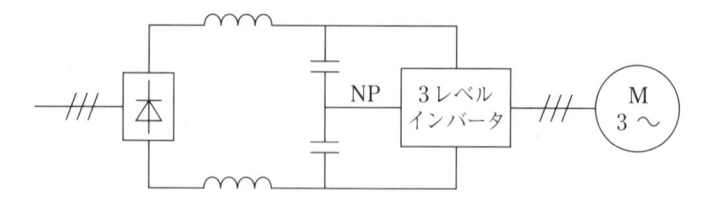

解説 1 図 6　電圧形 3 レベルインバータによる駆動システムの基本構成

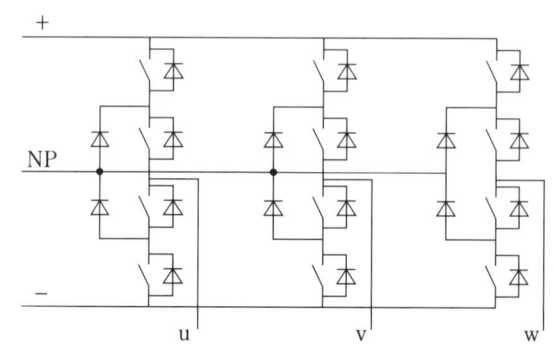

解説 1 図 7　3 レベルインバータの構成

この PDS の主回路は，次の機器で構成されている。

(1) 電源側のダイオード整流器
(2) 電動機側の自励 3 レベルインバータ
(3) 直流リンクリアクトル（必要に応じて）
(4) 直流リンクコンデンサ
(5) 同期電動機または誘導電動機
(6) 同期電動機を用いる場合，励磁装置

この PDS は，一般的に次の特性をもっている。

(1) 2 象限運転（電源側に回生可能な変換器を用いる場合は，4 象限運転可能）
(2) PWM 制御および 3 レベル構成による低い電動機トルクリプル
(3) 3 レベル PWM
(4) 高い電源側力率
(5) ダイオード整流器の多パルス化による電源側高調波の低減

2.7　マルチレベル対称浮動キャパシタ（FSC）インバータによる同期電動機または誘導電動機駆動システム

PDS の基本構成を解説 1 図 8 に，マルチレベル対称浮動キャパシタ（floating symmetrical capacitors, FSC）インバータ構成の詳細を解説 1 図 9 に示す。

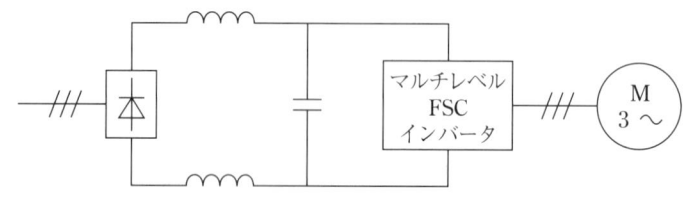

解説 1 図 8　電圧形マルチレベル FSC インバータによる駆動システムの基本構成

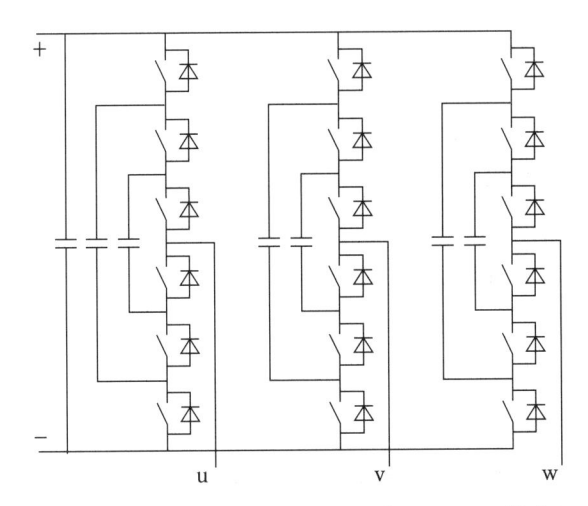

解説1図9 マルチレベルFSCインバータの構成

このPDSの主回路は，次の機器で構成されている。

(1) 電源側のダイオード整流器
(2) 電動機側のマルチレベルFSCインバータ
(3) 直流リンクリアクトル（必要に応じて）
(4) 直流リンクコンデンサ
(5) 同期電動機または誘導電動機
(6) 同期電動機を用いる場合，励磁装置

このPDSは，一般的に次の特性をもっている。

(1) 2象限運転（電源側に回生可能な変換器を使用する場合は，4象限運転可能）
(2) PWM制御およびマルチレベル構成による低い電動機トルクリプル
(3) 高い電源側力率
(4) ダイオード整流器の多パルス化による電源側高調波の低減

2.8 電圧形インバータおよび電源側複変換器による同期電動機または誘導電動機駆動システム

PDSの基本構成を解説1図10に示す。これは，解説1図5に回生用変換器を付加したものである。同様の変更は，3レベルインバータ（解説1図6）またはマルチレベルFSCインバータ（解説1図8）にも適用できる。

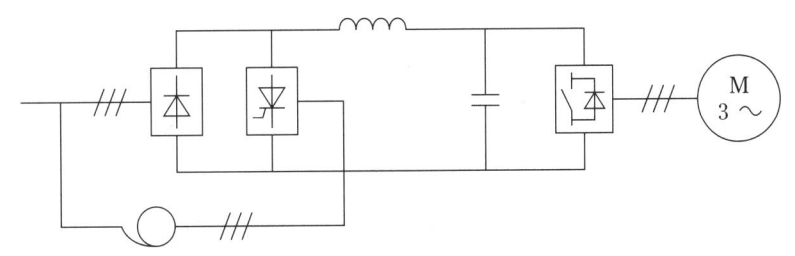

解説1図10 電圧形インバータおよび電源側複変換器による駆動システムの基本構成

このPDSの主回路は，次の機器で構成されている。

(1) 電源側のダイオード整流器
(2) 電源側の他励変換器
(3) 電動機側の自励変換器

(4) 単巻変圧器（省略可能）
(5) 直流リンクリアクトル（必要に応じて）
(6) 直流リンクコンデンサ
(7) 同期電動機または誘導電動機
(8) 同期電動機を用いる場合，励磁装置

このPDSは，一般的に次の特性をもっている。
(1) 4象限運転
(2) 低い電動機トルクリプル
(3) 力行モードにおける高い電源側力率
(4) 回生モードにおいても比較的高い電源側力率（回生電力に依存する）

2.9 電圧形インバータおよび電源側自励変換器による同期電動機または誘導電動機駆動システム

このPDSの基本構成を解説1図11に示す。これは，解説1図5の電源側ダイオード整流器を電動機側と同じ自励変換器に置き換えたものである。同様の変更は，3レベルインバータ（解説1図6）またはマルチレベルFSCインバータ（解説1図8）にも適用できる。

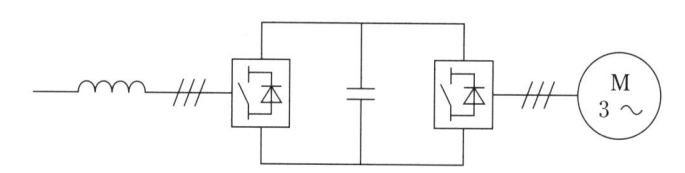

解説1図11　電圧形インバータおよび電源側自励変換器による駆動システムの基本構成

このPDSの主回路は，次の機器で構成されている。
(1) 電源側の自励変換器
(2) 電動機側の自励変換器
(3) 電源側のリアクトル
(4) 直流リンクコンデンサ
(5) 同期電動機または誘導電動機
(6) 同期電動機を用いる場合，励磁装置

このPDSは，一般的に次の特性をもっている。
(1) 4象限運転
(2) 低い電動機トルクリプル
(3) ほぼ100%の電源側力率
(4) 電源側高調波が少ない

2.10 電圧形マルチレベルインバータによる同期電動機または誘導電動機駆動システム

複数のユニット変換器（セルともいう）の出力を直列に接続したインバータによるPDSの基本構成を解説1図12に示す。整流器と直流リンクをもつ単相インバータで構成されるユニット変換器の構成例を解説1図13に示す。

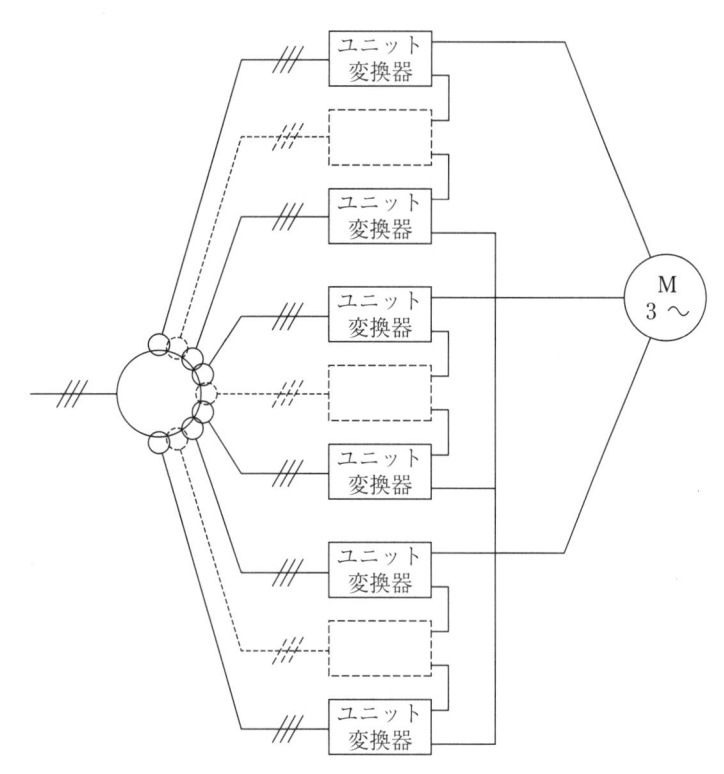

解説 1 図 12　電圧形マルチレベルインバータによる駆動システムの基本構成

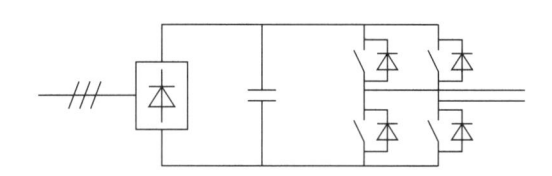

解説 1 図 13　ユニット変換器の構成例

この PDS の主回路は，次の機器で構成されている。

(1) 電動機各相に直列接続された複数のユニット変換器
(2) すべてのユニット変換器に，相互に絶縁された二次電圧を供給可能な多重二次巻線変圧器（一般には，各二次電圧間に位相差をつける）
(3) 同期電動機または誘導電動機
(4) 同期電動機を用いる場合，励磁装置

この PDS は，一般的に次の特性をもっている。

(1) 2 象限運転
(2) 低い電動機トルクリプル
(3) 高い電源側力率
(4) 電源側高調波が少ない
(5) 電動機巻線に作用するサージ電圧によるストレスが小さい

3. 直接変換装置による駆動システムの構成

3.1　サイクロコンバータ

直接変換装置とは，固定振幅，固定周波数の交流電圧から可変振幅，可変周波数の交流電圧への変換を，直流リンクを介することなく行う変換装置である。

サイクロコンバータは，直接変換装置の代表例である。

サイクロコンバータの基本要素は，二つの逆並列三相サイリスタブリッジからなる単相ユニットであり，4象限運転が可能である。各ブリッジの制御角は交流出力電圧が得られるように適切に調整される。三相サイクロコンバータは，振幅および周波数が同じで，位相が互いに120°異なる交流出力電圧を生成する三つの単相ユニットによって構成される。

サイクロコンバータには，循環電流形と非循環電流形がある。

3.2 非循環電流形サイクロコンバータによる同期電動機または誘導電動機駆動システム

PDSの基本構成を解説1図14に示す

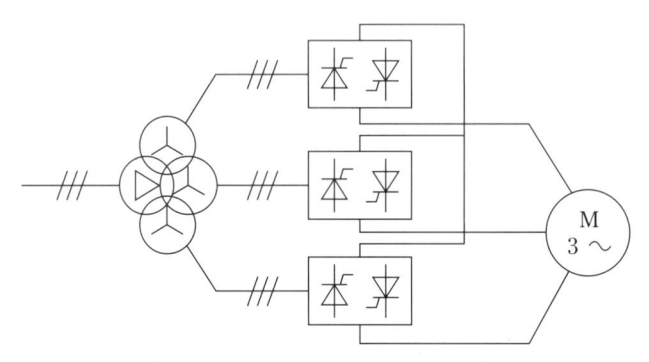

解説1図14　三非循環電流形サイクロコンバータによる駆動システムの基本構成

このPDSの主回路は，次の機器で構成されている。

(1) 電源側の多巻線変圧器
(2) 3組の他励可逆変換器
(3) 同期電動機または誘導電動機
(4) 同期電動機を用いる場合，励磁装置

このPDSは，一般的に次の特性をもっている。

(1) 4象限運転
(2) 低速度に限定された運転（最高出力周波数は，電源周波数のおよそ1/3から1/2）
(3) 無視できる程度に低いトルクリプル
(4) 低い電源側力率

3.3 循環電流形サイクロコンバータによる同期電動機または誘導電動機駆動システム

PDSの基本構成を解説1図15に示す。

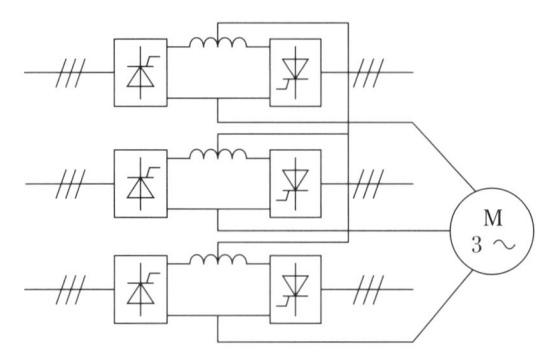

解説1図15　循環電流形サイクロコンバータによる駆動システムの基本構成

このPDSの主回路は，次の機器で構成されている。
(1) 電源側の多巻線変圧器
(2) 循環電流抑制用リアクトルをもつ他励三相可逆変換器
(3) 同期電動機または誘導電動機
(4) 同期電動機を用いる場合，励磁装置

このPDSは，一般的に次の特性をもっている。
(1) 4象限運転
(2) 低速運転（最高出力周波数は，電源周波数のおよそ4/5）
(3) 無視できる程度に低いトルクリプル
(4) 低い電源側力率

4. その他の構成

その他の駆動システム構成を用いることもある。例えば，調整速度範囲が限定された場合に用いる巻線形誘導電動機をもつPDSなどがある。
(1) 回転子すべり電力を供給電源に回生する静止セルビウス駆動システム
(2) 4象限駆動の回転子給電システムを用いる場合，固定子電流の進みまたは遅れ制御が可能

これらの構成では，同期速度の上下に設定される必要な速度調整範囲に応じて，電動機より小さい容量の変換装置を適用できる。

解説2 速度制御性能および機械システム

1. 概　要

高精度，高速応答，低トルクリプル，機械定数の変動に対するロバスト性，センサレス動作など，要求される性能を実現するためにさまざまな速度制御方法が用いられる。制御方法は，運転に要求される性能，すなわち被駆動装置の必要条件に応じて選択する。

しかし，速度制御の性能は，電動機軸に接続される機械システムの特質に大きく依存している。被駆動装置の供給者は，多くの場合，装置の速度制御性能に影響があることを認識しておくことが重要である。

この解説の目的は，第一に速度制御性能と機械定数との関係についての情報を提供し，第二に速度制御システムの設計手順を示すことである。

2. 基本的な速度制御の種類

3種類の基本的速度制御システムがある。解説2図1参照。
(1) フィードバックなしの開ループ制御。
(2) 間接的な（演算された）フィードバックによる閉ループ制御。この演算は，電圧，磁束，電流，変換装置のゲートパルスなどの電気的変数を基に行う。
(3) 直接的な（センサで計測された）フィードバックによる閉ループ制御。

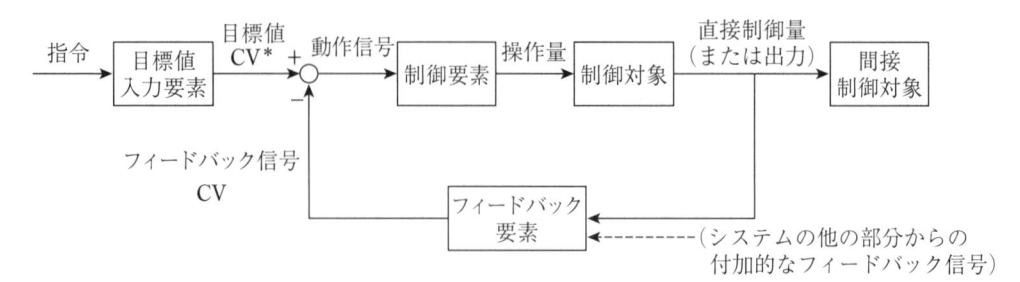

備考　CVは制御量の実測値で，CV*は目標値を示す

解説2図1　すべての基本的制御要素を含むフィードバック制御システム

3. 速度制御性能に対するねじり弾性の影響

3.1 トルクリプルの抑制

トルクについて言及する場合は，次の2種類のトルクを区別することが重要である。

(1) 電気機械が発生する電磁気的トルク（空げきトルク）

(2) 軸にかかる機械的トルク

(2)は，負荷の反作用があるために，機械システム全体が影響する。そのため，特に断りがない限り，"トルク"とは，慣習的に，負荷の反作用および損失を考慮しない電磁気的トルクを指す。

被駆動装置を軸またはギアで電動機と結合することで振動系を形成し，そのねじり固有周波数（natural torsional frequency, NTF）は，慣性モーメントと伝達系の弾性によって次式のようになる。

$$f_{NT} = \frac{1}{2\pi}\sqrt{\frac{K(J_M + J_D)}{J_M \times J_D}}$$

ここに，J_M　：電動機の慣性モーメント（kg·m^2）

　　　　J_D　：被駆動装置の慣性モーメント（kg·m^2）

　　　　K　：伝達系のばね定数（N·m/rad）

　　　　f_{NT}　：ねじり固有周波数（Hz）

この式は，解説2図2に示す2質点系に適用する（三つ以上の質点をもつシステムは，二つ以上のf_{NT}をもつ。ただし，実際問題として重要なのは，最も周波数が低い側の一つまたは二つのf_{NT}である。）。

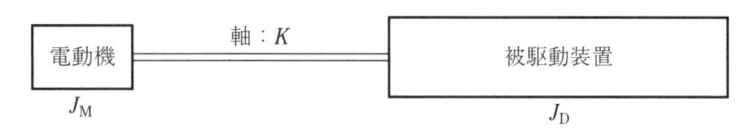

解説2図2　2質点系

電動機の電磁気的トルクのリプル，または被駆動装置の負荷トルクのリプルは，そのリプルの周波数がf_{NT}に近いか，または幾つかのf_{NT}の一つと一致すると，軸にも大きなストレスをもたらす。このような状態は，特に開ループの速度制御系で起こることがある。

閉ループの速度制御を用いることで，制御システムによってねじり振動が抑制されることがある。良好な抑制を得る必要条件は，次による。

(1) 最も重要なf_{NT}が，トルク制御器の帯域に完全に，かつ，十分に入っている。一般的に，f_{NT}は，トルク制御器の3dBバンド幅の半分以下でなければならない（トルク制御器のバンド幅F_{3dB}は，T_Rをトルク（または電流）制御の応答時間とした場合，$F_{3dB} = 0.5/T_R$で概算できる。）。

(2) 速度検出システムの遅れが，一般的にトルク制御器の立上がり時間より小さい。

(3) 速度検出精度が高い。

(4) 速度制御器が正しく調整されている。

閉ループによる速度制御で電動機および負荷のトルクリプルを補償した場合，ねじり振動を抑制できる。これらのリプルは，リプルを打ち消すようにトルク目標値を変化させて補償する。速度の目標値と検出する電動機速度との間の急速に変動する偏差に基づいて補償を行うため，抑制効果を上げるには，高精度，かつ，動特性がよい速度検出システムが必要となる。通常，この速度偏差は，非常に小さく，振動のレベルが小さくなればなるほど減少する。

負荷トルクリプルの抑制は，電動機トルクリプルの抑制よりさらに難しい。その理由は，機械システムの複雑さによる部分，および高い減衰による部分がある。前者は，補償を難しくし，後者は，負荷トルクリプルに起因する電動機速度の変動を識別しにくくする。

3.2 速度制御の動特性

速度制御の動特性は，NTF のほかに，機械システムのねじり反共振周波数（antiresonance frequency, ARF）にも依存している。**解説2図2**を参照。

$$f_{AR} = \frac{1}{2\pi}\sqrt{\frac{K}{J_D}}$$

ここに，J_D：被駆動装置の慣性モーメント（kg·m^2）

K：伝達系のばね定数（N·m/rad）（$1/K$：弾性係数）

f_{AR}：ねじり反共振周波数（Hz）

この式は，2質点系に適用する。**解説2図2**参照（三つ以上の質量をもつシステムは，二つ以上の f_{AR} をもつ。ただし，実際問題として重要なのは，最も低い周波数の f_{AR} である。）。

f_{NT} と f_{AR} の式を比較すると，常に $f_{AR} < f_{NT}$ であることは明らかである。負荷と電動機との慣性比 J_D/J_M が大きいほど，二つの周波数の差が大きくなる。f_{AR} は被駆動装置の特性だけで決まる。

基本となる次の三つの場合がある。

(1) すべての f_{NT} および f_{AR} が少なくとも10倍以上離れており，速度制御で抑制するには高すぎる場合［**解説2の3.1**を参照］。

この場合，速度制御の動特性は，トルク制御または速度検出システムの動特性だけで決まる。PDS に関して，高出力の装置の f_{NT} および f_{AR} は，通常，20 Hz ～ 30 Hz と極めて低いため，このような例はほとんどない。これに当てはまる唯一の例外は，速度推定に大きな遅れを伴う間接的な速度フィードバックを用いた速度制御システムである。

(2) 重要な f_{NT} および f_{AR} が速度制御で抑制するのに十分低い場合。

速度検出器による直接フィードバックを用いた PDS では，最もよくある例である。速度制御器は，速度制御の安定性を確保するために，共振を抑制するように調整しなければならない。その結果，速度制御の最高性能は，機械システムの特性によって制限される。最も低い周波数の f_{AR} が最も重要となる。経験則として，速度制御器の達成可能な応答時間は，$1/f_{AR}$ である。例えば，$f_{AR} = 10$ Hz の場合，応答時間は，約 1/10 Hz = 100 ms である。

(3) 一つ以上の重要な共振周波数が，抑制するには高すぎるが，無視できるほど十分高くもない場合。

速度制御器が共振振動を増大させないように，共振周波数信号を減衰させるフィルタを装着しなければならない。ただし，そのようなフィルタには，速度制御の動特性を著しく低下させることがあるという欠点がある。

結論として，速度検出器で直接フィードバックを行うPDSの被駆動装置では，(1)の場合を実現できるように共振周波数が十分高くなるように設計することは，経済的にも技術的にも成立しないことが多い。(3)の場合の動特性は，(2)の場合よりも悪いことが多いため，(2)が適切な選択になる。このように，速度制御の指定された動特性を満足するためには，被駆動装置の最も低いf_{AR}が十分高く，制御システムの性能が共振周波数を抑制できるだけの能力を備えていなければならない。

例 指定された速度制御の応答時間が80 msとする。したがって，必要とするf_{AR}は，1/80 ms = 12.5 Hz以上でなければならない。被駆動装置の慣性モーメントJ_Dが3 000 kg·m^{2}の場合，2質点系に必要な軸のばね定数は，次のようになる。

$$K = J_D(2\pi \times f_{AR})^2 = 3 \times 10^3 (2\pi \times 12.5)^2 = 18.5 \ (\mathrm{MN \cdot m/rad})$$

電動機の慣性モーメントが7 000 kg·m^{2}の場合，f_{NT}は，次のようになる。

$$f_{NT} = \frac{1}{2\pi}\sqrt{\frac{K(J_M + J_D)}{J_M \times J_D}} = \frac{1}{2\pi}\sqrt{\frac{18.5 \times 10^6 \times (7 \times 10^3 + 3 \times 10^3)}{7 \times 10^3 \times 3 \times 10^3}} = 14.9 \ (\mathrm{Hz})$$

NTFを抑制可能とするためには，トルク制御の帯域幅F_{3dB}は，f_{NT}の2倍以上，すなわち2 × 14.9 (Hz) = 30 Hzでなければならない。これによって，トルク制御の最大応答時間は，$0.5/F_{3dB}$ = 17 msとなる。

備考 この例は，二つの慣性物体が軸で連結されていると仮定した場合にだけ有効である。実際の機械システムは，カップリング，ギアの慣性などが含まれ，もっと複雑である。さらに，電動機および被駆動装置が置かれた床の基礎構造も考慮に入れなければならない場合がある。したがって，機械的な設計は，専門家に任せたほうがよい。

4. バックラッシの影響

トルクの反転がある場合，ギアのバックラッシが駆動システムを非線形にする（例えば，4象限運転の変換器で駆動するPDSで，減速要求に対して速度目標値をステップ的に減少させる場合。）。

トルクの反転によって，非常に短い時間ではあるが，バックラッシのすき間が開き，被駆動装置から電動機が切り離される。結果として，電動機軸におけるシステム慣性モーメントの減少を誘起する。このように，非常に短時間ではあるが，速度制御器がギアのあそび（バックラッシ）の影響を受ける。この時点で，システムは，ねじり振動を起こす。システムの減衰係数にもよるが，そのねじり振動は，数サイクルで減衰する。

この一時的な振動は，特別なバックラッシ補償機能によって減らすことができるが，常に取り除くことができるわけではない。したがって，非常に高度な動特性を必要とするプロセスでは，ギアのあそびをできる限り小さくする必要がある。

5. 速度制御システムの選択基準

5.1 開ループ速度制御

開ループ速度制御の利点は二つある。第1には，速度検出器が不要であること，第2には，電動機パラメータ値についての正確な知識を必要としないことである。したがって，この種の速度制御は，電動機が並列接続されている場合，および電動機がBDM/CDMと遠く離れた場所に設置されている場合などに特に適している。誘導電動機の開ループ速度制御における定常速度偏差幅は，通常，±1%～±2%である（開ループ制御の同期電動機は，PDSの一般的方式ではない。）。PDSが，圧力や水位などの制御システムのように，閉

ループ速度制御システムの一部を構成している場合，速度の偏差は，より外周の制御ループによって修正されるため，問題とならない。

しかし，開ループ制御の動的安定性および動的制御性能は不十分であり，短い応答時間が要求される用途には適用できない。動特性が十分でないため，ねじり振動を抑制できず，ねじり振動問題を引き起こすこともある。この問題は，特に連続的な低速運転が要求される場合に重要である。これは，6 次高調波のトルク周波数が，5/6 Hz から 50/6 Hz までの変換装置出力周波数範囲において，最低次数のねじり振動周波数と一致することがよくあるからである。この周波数範囲は，約 0.8 Hz ～ 8 Hz に相当する。

5.2 間接的速度検出をもつ閉ループ速度制御

間接的速度検出をもつ閉ループ速度制御の主な利点を次に示す。

(1) 速度検出器が不要。
(2) 速度の定常偏差が，開ループ速度制御より小さくできる。

欠点は，誘導電動機の速度推定精度が，推定で用いる電動機モデルのパラメータの精度に依存していることである。したがって，推定誤差は，一例として，電動機温度に依存する。さらに，基底速度の 10 ％または 15 ％以下の速度では，電動機電圧の測定誤差が推定誤差増加の主な原因となってくる。

同期電動機においては，電動機のもつ同期性により，定常時の制御性能が目立ってよくなる。ただし，ここで説明した電圧測定の問題のために，PDS の低速動作には，限界が生じる。

制御の動特性は，速度推定の方法に大きく依存している。一般的な傾向として，電動機速度が高いときほど，性能がよい。ただし，電動機が基底速度またはそれ以上の速度で回転しているときでも，ねじり共振の抑制ができないこともある。

間接的速度検出をもつ閉ループ速度制御は，ゆっくりとした負荷トルク変動の用途で良好な定常特性が要求される場合に適している。

5.3 閉ループ速度制御

閉ループ速度制御は，最高の制御性能が得られる。偏差幅が狭く，検出の遅れが小さいことを要求される場合は，速度検出器と速度制御システムの性能が重要である。

閉ループ速度制御では，負荷トルクに関係なく，零速度まで PDS の正確な動作が可能である。ただし，例えば，負荷転流形インバータ（LCI）による運転では，変換器の動作原理上，高負荷での低速動作に制約があり得るので，注意を要する。

圧延機などの高度の動的性能が要求される用途や，高トルクで連続的な低速運転が必要な用途などには閉ループ速度制御が望ましい。さらに，本質的に内在するねじり共振に対する低い機械的減衰を高めるため，高性能な閉ループ速度制御特性が不可欠な用途もある。

6. 速度制御性能の仕様

多くの場合，満足な動作を得るために，駆動装置が何を本当に必要としているのかを知ることが難しいために，速度制御特性の仕様を決めることは困難な問題である。その結果，安全重視の過度の仕様となるのが慣例である。

ただし，そのような過度の仕様は，高性能な速度検出器，ときには，f_{AR} を上げるためにモータと被駆動装置の間に硬度の高い，したがって高価な軸を用いるなど，装置価格の上昇につながる。

さらに，短い応答時間を要求する仕様は，速度制御器もそれに合わせて調整しなければならないことを意味

する。ただし，これは，速度制御システムの安定性の余裕が少なくなることをも意味する。新しいときは，このような調整で，装置は良好に動作するが，時間が経つにつれて，機械部品の摩耗でバックラッシが増加する。バックラッシの増加によって，さらに速度制御の安定性の余裕が減少し，結果として，ねじり振動，機械の摩耗増大などを引き起こす。その結果，例えば回転軸，カップリング，ギアなどの機械部品の寿命が短くなる。

結論として，最高性能の仕様は，必ずしも理想的ではなく，それぞれの駆動装置に適した数値を見つけるように注意することが重要である。

解説3　バルブデバイスの損失

1. サイリスタ

   1.1 オン損失

   サイリスタのオン状態において，オン電流およびオン電圧によってオン損失が発生する。

   サイリスタのオン損失は，次の式で表される。

   $$P_T = U_{T(TO)} \times I_{T(AV)} + r_T \times I_{T(RMS)}^2$$

   ここに，P_T　　：オン損失（W）

   　　　　$U_{T(TO)}$：サイリスタの立上がり電圧（V）

   　　　　r_T　　：サイリスタのスロープ抵抗（Ω）

   　　　　$I_{T(AV)}$：サイリスタのオン電流，平均値（A）

   　　　　$I_{T(RMS)}$：サイリスタのオン電流，実効値（A）

   1.2 オフ損失

   サイリスタのアノードとカソードとの端子間に順方向の電圧を印加し，サイリスタがオフ状態を保っているとき，アノードからカソードへ流れる漏れ電流（オフ電流）によってオフ損失が発生する。サイリスタの順方向漏れ電流は，非常に小さいので，通常は無視できる。

   1.3 逆阻止損失

   サイリスタの逆阻止期間では，カソードからアノードに流れる漏れ電流（逆阻止電流）によって逆阻止損失が発生する。サイリスタの逆方向漏れ電流は，非常に小さいので，通常は無視できる。

   1.4 スイッチング損失（ターンオン損失およびターンオフ損失）

   高周波出力インバータまたは高周波 PWM インバータへの適用，および高電圧応用を除けば，スイッチング損失は無視できる。ただし，高電圧サイリスタでは，動作周波数が高くなると，スイッチング損失が増加する。

   1.5 ゲート損失

   サイリスタのゲート電力は，ゲート電流およびゲート電圧に依存し，大電力応用では，無視できることが多い。

2. GTO（ゲートターンオフサイリスタ）または GCT（ゲート転流ターンオフサイリスタ）

   2.1 オン損失

GTO または GCT がオン状態にあるとき，オン電流およびオン電圧とによってオン損失が発生する。

$$P_T = U_{T(TO)} \times I_{T(AV)} + r_T \times I_{T(RMS)}^2$$

ここに，P_T ：オン損失（W）

$U_{T(TO)}$：GTO または GCT の立上がり電圧（V）

r_T ：GTO または GCT のスロープ抵抗（Ω）

$I_{T(AV)}$ ：GTO または GCT のオン電流，平均値（A）

$I_{T(RMS)}$：GTO または GCT のオン電流，実効値（A）

2.2 オフ損失

GTO または GCT のアノードとカソードとの端子間に順方向の電圧を印加して，GTO または GCT がオフ状態を維持しているとき，アノードからカソードへの漏れ電流（オフ電流）によってオフ損失が発生する。

GTO の順方向漏れ電流は，非常に小さいので，通常，オフ損失は，無視できる。

2.3 逆並列ダイオードの順導通損失

ダイオードの順導通損失は，次の式で表される。

$$P_{Fr} = U_{(TO)} \times I_{F(AV)} + r_T \times I_{F(RMS)}^2$$

ここに，P_{Fr} ：順導通損失（W）

$U_{(TO)}$ ：ダイオードの立上がり電圧（V）

r_T ：ダイオードのスロープ抵抗（Ω）

$I_{F(AV)}$ ：ダイオードの順電流，平均値（A）

$I_{F(RMS)}$：ダイオードの順電流，実効値（A）

2.4 逆並列ダイオードの逆回復損失

ダイオードの逆回復損失は，次の式で表される。

$$P_{RR} = \frac{1}{2} \times U_R \times I_{RM} \times t_{rr2} \times f_{to}$$

ここに，P_{RR}：ダイオードの逆回復損失（W）

U_R ：ダイオードの逆電圧（V）

I_{RM} ：ダイオードの逆電流（せん頭値）（A）

t_{rr2} ：ダイオードの逆回復遅れ時間（s）

f_{to} ：ダイオードが逆回復する周波数（インバータのスイッチング周波数とは異なる）（s^{-1}）

備考　ダイオードが逆回復する周波数は，インバータのスイッチング周波数に等しいか，またはより低い。これは回路方式，制御方式および動作モードに依存する。

2.5 ゲート損失

GTO または GCT のゲート電力は，ゲート電流およびゲート電圧に依存する。GTO または GCT は，大きなゲート電流を必要とするため，ゲート損失は，従来のサイリスタよりも大きくなる。ゲート損失は，平均ゲート順損失と平均ゲート逆損失の和になる。

2.6 スイッチング損失

GTO または GCT のスイッチング波形を，解説3図1に示す。

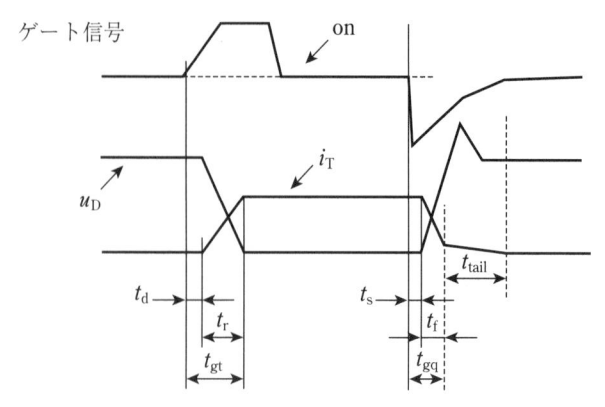

解説3図1　GTOまたはGCTのスイッチング波形

スイッチング損失（単位時間に発生するスイッチング損失エネルギーの和）は，次の式で表される。

$$P_{switching} = \sum(E_{on} + E_{off}) \times f_{switching}$$

ここに，$P_{switching}$：スイッチング損失（W）

　　　　E_{on}　　　：スイッチングごとのターンオン損失エネルギー（J）

　　　　E_{off}　　 ：スイッチングごとのターンオフ損失エネルギー（J）

　　　　$f_{switching}$：スイッチング周波数（s^{-1}）

ターンオン損失エネルギー：ゲート制御遅れ時間 t_d およびゲート制御立上がり時間 t_r に発生する損失。通常，ゲート制御遅れ時間に発生する損失は，無視できる。

$$E_{on} = \int_0^{t_r} i_T \cdot u_D \, dt \quad（1回のターンオン当たり）$$

ここに，E_{on}：スイッチングごとのターンオン損失エネルギー（J）

　　　　i_T　：アノード電流，瞬時値（A）

　　　　u_D　：アノード・カソード間電圧，瞬時値（V）

　　　　t_r　：ゲート制御立上がり時間（s）

ターンオフ損失エネルギー：ゲート制御蓄積時間 t_s およびゲート制御下降時間 t_f で発生する損失。

$$E_{off} = \int_0^{t_f} i_T \cdot u_D \, dt + I_T \times U_T \times t_s + E_{tail} \quad（1回のターンオフ当たり）$$

ここに，E_{off}：スイッチングごとのターンオフ損失エネルギー（J）

　　　　E_{tail}：テイル電流によるターンオフ損失エネルギー（J）

　　　　i_T　：アノード電流，瞬時値（A）

　　　　I_T　：ゲート制御蓄積時間中のアノード電流（A）

　　　　u_D　：アノード・カソード間電圧，瞬時値（V）

　　　　U_T　：GTOのオン電圧（V）

　　　　t_f　：ゲート制御下降時間（s）

　　　　t_s　：ゲート制御蓄積時間（s）

GTOの応用方法によっては，スナバ回生回路が必要になる場合もある。**解説3の4.3**参照。GCTの応用の場合には，通常，スナバ回生回路は必要ない。

3. ＩＧＢＴ

3.1　飽和電圧によるコレクタ損失

IGBTがオンしているとき，コレクタ電流およびIGBTのコレクタ・エミッタ間飽和電圧によってコレク

タ損失が発生する。

$$P_{\text{Ton}} = U_{\text{CE(TO)}} \times I_{\text{C(AV)}} + r_{\text{T}} \times I_{\text{C(RMS)}}^2$$

ここに，P_{Ton}　：飽和電圧によるコレクタ損失（W）

　　　　$U_{\text{CE(TO)}}$：IGBT の立上がり電圧（V）

　　　　r_{T}　　　：IGBT のスロープ抵抗（Ω）

　　　　$I_{\text{C(AV)}}$　：IGBT のコレクタ電流，平均値（A）

　　　　$I_{\text{C(RMS)}}$：IGBT のコレクタ電流，実効値（A）

3.2 順方向漏れ電流による損失

IGBT のコレクタ・エミッタ端子間に順方向の電圧が印加されて IGBT が遮断状態を維持しているとき，コレクタからエミッタへの漏れ電流（コレクタ・エミッタ間遮断電流）によるコレクタ損失が発生する。さらに，逆並列ダイオードの逆方向漏れ電流（逆電流）によっても，損失が発生する。

3.3 逆並列ダイオードの順導通損失

多くの場合，逆並列ダイオードは，IGBT モジュール内に組み込まれている。逆並列ダイオードの損失を測定し，IGBT の損失から分離することは，通常できない。

$$P_{\text{Fr}} = U_{\text{(TO)}} \times I_{F(\text{AV})} + r_{\text{T}} \times I_{F(\text{RMS})}^2$$

ここに，P_{Fr}　：順導通損失（W）

　　　　$U_{\text{(TO)}}$：ダイオードの立上がり電圧（V）

　　　　r_{T}　　：ダイオードのスロープ抵抗（Ω）

　　　　$I_{F(\text{AV})}$：ダイオードの順電流，平均値（A）

　　　　$I_{F(\text{RMS})}$：ダイオードの順電流，実効値（A）

3.4 逆並列ダイオードの逆回復損失

多くの場合，逆並列ダイオードは，IGBT モジュール内に組み込まれている。逆並列ダイオードの損失を測定し，IGBT の損失から分離することは，通常できない。

3.5 ゲート損失

IGBT は，MOS 制御デバイスでゲートインピーダンスが高いため，IGBT のゲート損失は，無視できる。

3.6 スイッチング損失

IGBT のスイッチング波形を，解説 3 図 2 に示す。

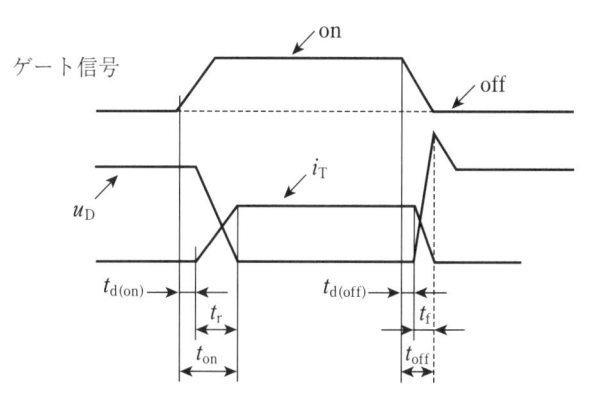

解説 3 図 2　IGBT のスイッチング波形

IGBT のスイッチング波形は，GTO と同様である。

$$P_{\text{switching}} = \sum(E_{\text{on}} + E_{\text{off}}) \times f_{\text{switching}}$$

ここに，$P_{\text{switching}}$：スイッチング損失（W）

E_{on}　　：スイッチングごとのターンオン損失エネルギー（J）

E_{off}　　：スイッチングごとのターンオフ損失エネルギー（J）

$f_{\text{switching}}$：IGBT のスイッチング周波数（s^{-1}）

ターンオン損失エネルギー：ターンオン遅延時間 $t_{d(\text{on})}$ および上昇時間 t_r に発生する損失。通常，ターンオン遅延時間に発生する損失は，無視できる。

$$E_{\text{on}} = \int_0^{t_r} i_C \cdot u_{CE} dt \quad (1 \text{回のターンオン当たり})$$

ここに，E_{on}：スイッチングごとのターンオン損失エネルギー（J）

i_C　：コレクタ電流，瞬時値（A）

u_{CE}：コレクタ・エミッタ間電圧，瞬時値（V）

t_r　：上昇時間（s）

ターンオフ損失エネルギー：ターンオフ遅延時間 $t_{d(\text{off})}$ および下降時間 t_f に発生する損失。

$$E_{\text{off}} = \int_0^{t_f} i_C \cdot u_{CE} dt + I_C \times U_{CE\text{sat}} \times t_{d(\text{off})} \quad (1 \text{回のターンオフ当たり})$$

ここに，E_{off}　：スイッチングごとのターンオフ損失エネルギー（J）

i_C　　：コレクタ電流，瞬時値（A）

I_C　　：ターンオフ遅延時間中のコレクタ電流（A）

u_{CE}　：コレクタ・エミッタ間電圧，瞬時値（V）

$U_{CE\text{sat}}$：コレクタ・エミッタ間飽和電圧（V）

t_f　　：下降時間（s）

$t_{d(\text{off})}$：ターンオフ遅延時間（s）

4. スナバ損失

4.1 サイリスタスナバ

スナバの損失は，次式で算出できる。

$$P_{sn} = P_{sf} + P_{sc} \quad (\text{アーム当たり})$$

$$P_{sf} = 20 \times f^2 \times \left(\frac{C_S}{n}\right)^2 \times U_v^2 \times R_S \times n \times (1 + 0.5\sin^2\alpha) \quad (\text{アーム当たり})$$

$$P_{sc} = \frac{10.5}{6} \times f \times \frac{C_S}{n} \times U_v^2 \times \left\{\sin^2\alpha + \sin^2(\alpha + u)\right\} \quad (\text{アーム当たり})$$

ここに，P_{sn}：全スナバ損失（W）

P_{sf}：基本波電圧によるスナバ損失（W）

P_{sc}：転流時の飛躍電圧によるスナバ損失（W）

R_S：スナバ抵抗器の抵抗（Ω）

C_S：スナバコンデンサの静電容量（F）

U_v：変換器の交流端子における線間電圧（V）

f　：変換器周波数（系統側サイリスタ変換器：電源周波数，電動機側サイリスタインバータ：インバータ出力周波数）（s^{-1}）

α : 制御角 (rad)

u : 重なり角 (rad)

n : 直列サイリスタ数

三相サイリスタブリッジを，解説3図3に示す。

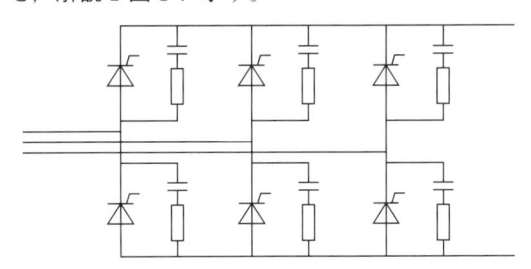

解説3図3 三相サイリスタブリッジ

4.2 共通RCDクランプをもつ電圧形インバータ

共通RCDクランプを，解説3図4に示す。

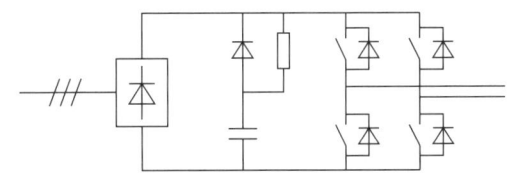

解説3図4 共通RCDクランプ

クランプ抵抗の損失は，次の式で表される。

$$P_{rs} = \frac{L_M \times I_{off}^2 \times f_{sw}}{2}$$

P_{rs} : クランプ抵抗損失 (W)

L_M : スイッチング期間に有効な主回路インダクタンス (H)

I_{off} : ターンオフ電流 (A)

f_{sw} : スイッチング周波数 (s^{-1})

クランプダイオードの損失は，RCDクランプの場合，抵抗損失に比べて無視できる程度に小さい。

4.3 スナバ回生回路損失

スナバ回生回路を用いることができる変換回路もある。その場合，それぞれの部品の損失を含めることが望ましい。

4.4 転流補助回路損失

サイリスタインバータの場合，転流補助回路が不可欠である。転流補助回路損失は，転流コンデンサ損失，転流リアクトル損失，バルブデバイス損失などを含む。

解説4 この規格とIEC規格との相違点

この規格は，2002年9月に制定された国際規格IEC 61800-4：2002との整合性を考慮し，高電圧交流可変速

駆動システムの国内規格として作成した。ただし，既存の国内規格 JEC-2452 との整合，国内事情などを考慮して，いくつかの点で IEC 61800-4 とは相違がある。主な相違点を解説 4 表 1 に示す。

解説 4 表 1　JEC-2453 と IEC 61800-4 との相違点

JEC-2453	IEC 61800-4：2002	解　　説
4.1.2　適用環境条件 (1)　気候条件 (b)　周囲温度 +5 ℃ から +40 ℃ +35 ℃　日間平均，空気 +20 ℃　年間平均，空気	5.1.2.1　Climatic conditions b) ambient temperature range +5℃ to 40℃ +30℃ daily average, air +25℃ yearly average, air	国内事情を考慮した。JEC-2452 に一致している。
4.1.2　適用環境条件 (3)　特殊な適用環境条件 (m)　設置スペースに特別な制約がある場合。 (q)　長期間の休止がある場合。	5.1.2.3　Unusual environmental service conditions JEC-2453 の(m)および(q)に該当する項はない。	国内事情を考慮した。JEC-2452 に一致している。
4.2.1　気候条件 (2)　周囲温度　−25 ℃ から +55 ℃ 備考 1. および 2. がある。	5.2.1.2　Ambient temperature −25 ℃ to +55 ℃ −25 ℃ to +70 ℃ （up to 24 h） JEC-2453 の備考 1. および 2. に該当する NOTE 1 および NOTE 2 のほかに，最高温度の限度値を下げてもよいという NOTE 3 がある。	国内事情を考慮した。JEC-2452 に一致している。
4.2.1　気候条件 (3)　相対湿度　5% から 95%，結露なし	5.2.1.3　Relative humidity Less than 95% at +40 ℃	国内事情を考慮した。JEC-2452 に一致している。
4.3.2　気候条件 (2)　相対湿度　5% から 95%，結露なし　ほかに備考で結露についての注意を説明している。	5.3.2　Climatic conditions b) Relative humidity class 1K3： 5% to 95%	国内事情を考慮した。JEC-2452 に一致している。 クラス表示はしない。
5.1.2　PDS の入力定格 (2)　定格入力電流 (b)　…40 次までの各次高調波電流の限度値。	6.1.2.2　Input currents … up to 25 or 40；	国内では，高調波抑制ガイドラインで 40 次までが規定されており，それに従った。 JEC-2452 では規定していない。
5.1.4　PDS の効率および損失 (2)　変換器　　自励変換器：+20% 　　　　　　　他励変換器：+10%	6.1.4　PDS efficiency and losses − converter　0% +10%	JEC-2440 に従った。
IEC 61800-4 の Figure 21 に相当する図はない。	Figure 21 - PDS integration	Figure 20 は，Figure 21 の内容を包含している。
8.4.2　ねじり解析 (2)　電動機端子での線間または三相短絡	9.4.2　Torsion analysis 1-phase or 3-phase short-circuit on the terminals of the motor；	一相短絡は考えにくい。 なお，JEC-2452 では，ねじれ解析となっているが，ねじり解析に表現を統一した。

Ⓒ電気学会電気規格調査会 2008

電気規格調査会標準規格

JEC-2453-2008
高電圧交流可変速駆動システム

2008 年 9 月 20 日　　第 1 版第 1 刷発行

編　者　電気学会電気規格調査会

発行者　田　中　久米四郎

発　行　所
株式会社　電　気　書　院

振替口座　00190-5-18837
東京都千代田区神田神保町 1-3 ミヤタビル 2 階
〒101-0051 電話 (03) 5259-9160 (代表)

落丁・乱丁の場合はお取り替え申し上げます．

〈Printed in Japan〉